Die Maxwell'schen Gleichungen

Jürgen Donnevert

Die Maxwell'schen Gleichungen

Vom Strömungsfeld des Gleichstroms zum
Strahlungsfeld des Hertz'schen Dipols

3., überarbeitete Auflage

 Springer Vieweg

Jürgen Donnevert
Dieburg, Deutschland

ISBN 978-3-658-31966-3   ISBN 978-3-658-31967-0   (eBook)
https://doi.org/10.1007/978-3-658-31967-0

Die Deutsche Nationalbibliothek verzeichnet diese Publikation in der Deutschen Nationalbibliografie; detaillierte bibliografische Daten sind im Internet über http://dnb.d-nb.de abrufbar.

Planung/Lektorat: Reinhard Dapper
Springer Vieweg ist ein Imprint der eingetragenen Gesellschaft Springer Fachmedien Wiesbaden GmbH und ist ein Teil von Springer Nature.
Die Anschrift der Gesellschaft ist: Abraham-Lincoln-Str. 46, 65189 Wiesbaden, Germany

Vorwort

James Maxwell[1] postulierte: Feldlinien eines sich ändernden elektrischen Feldes sind mit magnetischen Feldlinien verkettet, auch ohne dass ein stromführender Leiter vorhanden sein muss. Diese Erkenntnis bildet die Grundlage für die Maxwell´schen Gleichungen, Differentialgleichungen die das Wesen elektrischer und magnetischer Felder beschreiben und die Entstehung elektromagnetischer Wellen.

Im Zentrum des vorliegenden Bandes steht die Herleitung der Maxwell'schen Gleichungen und deren Lösung. Der Band richtet sich an Studenten der Elektrotechnik und Informationstechnologie sowie an Studenten des Faches Physik mit dem Ziel, den Studenten den Einstieg in die Vorlesungen Theoretische Elektrotechnik und Elektromagnetische Feldtheorie zu erleichtern. Der Band baut auf den Kenntnissen auf, die in den Leistungskursen Physik und Mathematik der Gymnasien und Gesamtschulen vermittelt werden und ist zum Gebrauch neben den Vorlesungen gedacht. Besonderer Wert wird auf ausführliche Erklärungen in Textform in Verbindung mit vielen Abbildungen gelegt. Alle Formeln werden Schritt für Schritt hergeleitet.

Die Stationen auf dem Weg zu den Maxwell'schen Gleichungen sind die Gesetze des Strömungsfeldes, der Elektrostatik und Magnetostatik. Dabei wird zunächst von grundlegenden Versuchsanordnungen zu diesen Teilgebieten der Feldtheorie ausgegangen. In den ersten Kapiteln des Bandes wird in die Begriffe skalares Feld und Vektorfeld eingeführt. Die für die Beschreibung und Berechnung dieser Felder erforderlichen vektoranalytischen Operatoren Gradient, Divergenz und Rotation werden für drei Koordinatensysteme hergeleitet und an Beispielen erläutert, ebenso die Integralsätze von Gauß und Stokes. In Kap. 3, welches das stationäre magnetische Feld zum Gegenstand hat, wird das magnetische Vektorpotential eingeführt.

Gegenstand des Kap. 4 sind zeitveränderliche Felder. In diesem Kapitel wird zunächst das Induktionsgesetz hergeleitet, was zur zweiten Maxwell´schen Gleichung führt. Im nächsten Schritt wird Kontinuitätsgleichung formuliert und der Verschiebungsstrom eingeführt. Die beiden Maxwell´schen Gleichungen in integraler und differentialer Form

---

[1]Maxwell, James Clerk, Britischer Physiker,*1831, † 1879.

werden diskutiert. Im nächsten Schritt wird die spezielle Form der Maxwell'schen Gleichungen für harmonische Zeitabhängigkeit angegeben. Anhand der allgemeinen Form der homogenen und inhomogenen Wellengleichung wird gezeigt, dass die Wellengleichung auch für die elektrischen und magnetischen Feldvektoren und das magnetische Vektorpotential gilt. Die Lösung der Maxwell'schen Gleichungen durch das retardierte Vektorpotential wird angegeben. Den Abschluss des Kapitels bildet der Poynting'sche Vektor, der den Energiefluss elektromagnetischer Felder kennzeichnet.

Im Mittelpunkt des Kap. 5 steht der Hertz'sche Dipol. An diesem Beispiel wird die Ausbreitung elektromagnetischer Wellen eingehend betrachtet. Die Feldgleichungen für das Nah- und Fernfeld werden abgeleitet und die Vorgehensweise zur Berechnung der Feldlinien angegeben. Abschließend wird auf wichtige Kennwerte von Antennen wie Richtdiagramm, Antennengewinn und Wirkfläche eingegangen.

Der vorliegende Band führt den Leser Schritt für Schritt in das faszinierende Fachgebiet der Elektromagnetischen Feldtheorie ein.

Danksagung
Mein Dank geht an Joachim Elser für seine Bereitschaft das Manuskript Korrektur zu lesen. Michael Lenz danke ich für seine wertvollen Kommentare zum Induktionsgesetz und Prof. Dr. Heinz Schmiedel und Prof. Dr. Manfred Götze danke ich für ihre Anregungen zur englischen Ausgabe dieses Bandes.

Dieburg   Jürgen Donnevert
im Juni 2020

Inhaltsverzeichnis

Symbolverzeichnis

$\underline{E}_r$	r -Komponente der elektrischen Feldstärke, komplexe Schreibweise, harmonische Zeitabhängigkeit
$\underline{E}_\vartheta$	ϑ -Komponenter der elektrischen Feldstärke, komplexe Schreibweise, harmonische Zeitabhängigkeit
$\underline{H}_\alpha$	α -Komponente der magnetische Feldstärke, komplexe Schreibweise, harmonische Zeitabhängigkeit
$\underline{I}^*$	konjugiert komplexe Stromamplitude, harmonische Zeitabhängigkeit
$\underline{U}^*$	konjugiert komplexe Spannungsamplitude, harmonische Zeitabhängigkeit
$\underline{U}_O$	Quellenspannung der Antenne, komplexe Schreibweise, harmonische Zeitabhängigkeit
$A_{Apertur}$	Aperturfläche
A_w	Wirkfläche
$A_{w/Hertz}$	Wirkfläche des Hertzschen Dipols
$A_{w/isotrop}$	Wirkfläche des isotropen Strahlers
A_x	x-Komponente des Vektors $\vec{A}$
A_y	y-Komponente des Vektors $\vec{A}$
A_z	z-Komponente des Vektors $\vec{A}$
$C_{\Delta A}$	Kontur der kleinen Fläche ΔA
C_{el}	Kapazität des Elementarkondensators
D_x	Komponente der elektrischen Flussdichte in x-Richtung
D_y	Komponente der elektrischen Flussdichte in y-Richtung
D_z	Komponente der elektrischen Flussdichte in z-Richtung
$G_{Apertur}$	Gewinn einer Aperturantenne
G_E	Gewinn der Empfangsantenne
G_{Hertz}	Gewinn des Hertzschen Dipols
G_S	Gewinn der Sendeantenne
H_0	Faktor, $H_0 = \frac{\pi \cdot I \cdot l}{\lambda^2}$
H_z	z – Komponente des Vektors $\vec{H}$
$\underline{I}$	komplexe Schreibweise des elektrischen Stromes, harmonische Zeitabhängigkeit

$\underline{J}$	komplexe Schreibweise der Stromdichte, harmonische Zeitabhängigkeit
P_1	Leistung 1
P_2	Leistung 2
P_E	Leistung, die von der Antenne an ihre Last abgegeben wird
P_{rad}	abgestrahlte Leistung
P_{wirk}	Wirkleistung
R_H	Hallkonstante
R_L	Realteil der Impedanz der Last der Antenne
R_{rad}	Strahlungswiderstand
S_E	Leistungsdichte einer Sendeantenne am Empfangsort
$S_{Hertz/max}$	maximale Leistungsdichte im Fernfeld des Hertzschen Dipols
$S_{isotrop}$	Leistungsdichte des isotropen Strahlers
U_{12}	Spannung zwischen den Elektroden 1 und 2, Klemmenspannung
U_H	Hallspannung
U_{ab}	Spannung zwischen den Punkten a und b
X_A	Imaginärteil der Impedanz der Antenne
Z_0	Feldwellenwiderstand
a_0	Grundübertragungsdämpfung
a_F	Funkfelddämpfung
c_0	Lichtgeschwindigkeit
g_E	Gewinn der Empfangsantenne
g_{Hertz}	Gewinn des Hertzschen Dipols
g_S	Gewinn der Sendeantenne
i_v	Verschiebungsstrom
k_0	Wellenzahl
t^*	retardierte Zeit
u_{12}	augenblickliche Spannung zwischen den Anschlüssen 1 und 2 z. B. einer Spule
w_{el}	Energiedichte im elektrischen Feld
w_{magn}	Energiedichte im magnetischen Feld
$\mathrm{d}A_r$	Flächenelement, orientiert senkrecht zur r−Richtung
h	Höhe (z. B. des Parallelepipeds)
Wb	Weber, Einheit
A	Fläche, Hüllfläche, Ampere (Einheit), Arbeit
B	magnetische Flussdichte
C	Coulomb, Kapazität des Kondensators, Kondensator
C	Kontur
D	Durchmesser
D	elektrische Flussdichte, Verschiebungsdichte
E	Betrag der elektrischen Feldstärke
F	Kraft
H	Henry, Einheit

H	magnetische Feldstärke
I	elektrischer Strom, Stromstärke
K	Proportionalitätsfaktor, Konstante
L	Induktivität
N	Newton, Einheit
N	Windungszahl
P	Leistung
Q	Ladung, Anzeige des Integrators
R	Widerstand
T	Periodendauer, Tesla (Einheit)
U	Spannung
V	Volt, Einheit, Volumen
W	Energie
b	Breite
c	Ausbreitungsgeschwindigkeit
cm	Zentimeter
d	Abstand, Abstand Sendeantenne-Empfangsantenne, Funkfeldlänge
dA	Flächenelement, infinitesimale Fläche
dI	Stromstärkeelement, infinitesimale Stromstärke
dP	infinitesimale Leistung
dQ	infinitesimale Ladung bzw. Ladungsmenge
dV	Volumenelement, infinitesimales Volumen
dW	im Zeitabschnitt dt aufgenommene bzw. abfließende Energie, Energie im Volumenelement dV
dn	infinitesimaler Wegunterschied, Abstand
ds	Weg- bzw. Längenelement, infinitesimale Länge bzw. Wegstrecke,
dt	infinitesimaler Zeitabschnitt
du	infinitesimale Änderung der Spannung
e	Ladung des Elektrons
f	Frequenz, Funktionsbezeichnung
g	Funktionsbezeichnung
i	Augenblickswert des elektrischen Stromes
j	Kennzeichnung des Imaginärteils einer komplexen Zahl oder eines komplexen Vektors bei harmonischer Zeitabhängigkeit
l	Länge
m	Meter, Einheit
n	Anzahl der Windungen je Längeneinheit
p	Leistungsdichte
q	Augenblickswert der Ladung
q	Flächenwirkungsgrad einer Aperturantenne
r	Radius
s	Sekunde

t	Zeit
u	Augenblickswert der Spannung, Funktionsbezeichnung, Geschwindigkeit
v	Geschwindigkeit, Funktionsbezeichnung
w	Funktionsbezeichnung

Griechische Buchstaben

Φ_{verk}	verketteter, magnetischer Fluss
ε_o	elektrische Feldkonstante, dielektrische Leitfähigkeit des Vakuums, absolute Permittivität
ε_r	relative Permittivität
μ_0	absolute Permeabilität, Permeabilität des Vakuums
μ_r	relative Permeabilität
$\underline{\varphi}$	skalares Potential, harmonische Zeitabhängigkeit
φ_0	Phasenwinkel
φ_a	Potential der Potentialfläche a
φ_b	Potential der Potentialfläche b
ΔA	kleine Fläche
ΔQ	kleine Ladungsmenge
$\nabla \varphi$	Nabla-Operator angewendet auf das skalare Potentialfeld φ
Φ	magnetischer Fluss
$d\Phi_{verk}$	infinitesimaler magnetischer Fluss, der mit eine Leiterschleife verkettet ist
$d\varphi$	infinitesimale Änderung des Winkels φ
α	Winkel
β	Winkel
ε	Permittivität, dielektrische Leitfähigkeit
κ	spezifischer Widerstand
λ	Wellenlänge
μ	Permeabilität
π	Zahl Pi
σ	spezifische Leitfähigkeit
φ	Winkel, skalares Potential, skalares Potentialfeld
$\varphi(x, y, z)$	Skalares, dreidimensionales Potentialfeld
ψ	skalares magnetisches Potential
ω	Kreisfrequenz
ϑ	Winkel
ϱ	Raumladungsdichte

Mathematische Formelzeichen und Operatoren

$\int_a^b$	Integral entlang des Weges zwischen den Punkten a und b eines Feldes
$\oint_c$	Integral über die Kontur bzw. Schleife C
$\oint$	Integral über einen geschlossenen Weg
$\iint_A$	Integral über die Fläche A
$\oiint_A$	Integral über die in sich geschlossene Fläche, Hüllfläche A
$\iiint_V$	Integral über das Volumen V
$\sum_{j=0}^{N}$	Summe von $j = 0$ bis N
$\underline{\vec{E}}$	Komplexe Schreibweise des Vektors der elektrischen Feldstärke, harmonische Zeitabhängigkeit
$\nabla^2\varphi$	$\nabla \cdot \nabla\varphi = \mathrm{div}\ (\mathrm{grad}\ \varphi)$
$\mathrm{rot_r}\ \vec{H}$	Komponente von rot $\vec{H}$ in $r-$Richtung
$\vec{A} \cdot \vec{B}$	Skalares Produkt der Vektoren $\vec{A}$ und $\vec{B}$
$\frac{\partial}{\partial x}$	Partielle Ableitung nach x
$\nabla \cdot \vec{D}$	div $\vec{D}$
$\nabla\varphi$	Nabla-Operator angewendet auf das skalare Potentialfeld φ
div $\vec{D}$	Divergenz des elektrischen Flussvektors $\boldsymbol{D}$
grad φ	Gradient des skalaren Feldes φ
rot $\vec{H}$	Rotation des magnetischen Feldvektors $\vec{H}$
$Re\left\{\underline{\vec{E}}\right\}$	Realteil der elektrischen Feldstärke bei komplexer Schreibweise, d. h. bei harmonischer Zeitabhängigkeit

Vektoren

$\underline{\vec{A}}_z$	z-Komponente des Vektorpotentials, komplexe Schreibweise, harmonische Zeitabhängigkeit
$\underline{\vec{H}}^*$	konjugiert komplexer Vektor der magnetischen Feldstärke bei harmonischer Zeitabhängigkeit
$\underline{\vec{A}}$	Vektorpotential, harmonische Zeitabhängigkeit
$\underline{\vec{E}}$	komplexe Schreibweise des Vektors der elektrischen Feldstäke, harmonische Zeitabhängigkeit
$\left|\vec{E}\right|$	Betrag des Vektors $\vec{E}$

$\underline{\vec{J}}$	Stromdichte, harmonische Zeitabhängigkeit
$\vec{J}_n$	Komponente der Stromdichte, die senkrecht zum Flächenelement dA
$\vec{J}_t$	Komponente der Stromdichte, die tangential zum Flächenelement dA
$\vec{J}_v$	Verschiebungsstromdichte
$\vec{S}_{wirk}$	Wirkleistungsdichte in Richtung des Poyntingschen Vektors
$\vec{e}_{Bogen}$	Vektor in Richtung der Tangente des Kreises, Einheitslängenvektor
$\vec{e}_r$	Einheitsvektor in radialer Richtung, r-Richtung
$\vec{e}_x$	Einheitsvektor in x-Richtung
$\vec{e}_y$	Einheitsvektor in y-Richtung
$\vec{e}_z$	Einheitsvektor in z-Richtung
$\vec{e}_\alpha$	Einheits-Winkelvektor in α-Richtung
$\vec{e}_\vartheta$	Einheits-Winkelvektor in ϑ-Richtung
$\vec{n}_{\Delta A}$	Einheitsvektor, senkrecht zur kleinen Fläche ΔA
$\vec{n}_A$	Einheitsvektor, senkrecht zur Fläche A
$\underline{\vec{s}}$	Vektorfunktion, Vektorfeld, harmonische Zeitabhängigkeit, Störvektor
$\underline{\vec{w}}$	Vektorfunktion, Vektorfeld, harmonische Zeitabhängigkeit
$\vec{A}$	Vektorpotential
$\vec{B}$	Vektor der magnetischen Flussdichte
$\vec{D}$	Vektor der elektrischen Flussdichte bzw. Verschiebungsdichte
$\vec{E}$	elektrische Feldstärke
$\vec{F}$	Kraftvektor
$\vec{H}$	Vektor der magnetischen Feldstärke
$\vec{I}$	Stromvektor
$\vec{J}$	Stromdichte
$\vec{S}$	Poyntingsche Vektor
$\vec{V}$	Vektor, allgemein
$\vec{l}$	Längenvektor
$\vec{r}$	Radiusvektor, Abstandsvektor vom Ursprung des Koordinatensystems
$\vec{v}$	Geschwindigkeitsvektor
$d\vec{A}$	Vektor des Flächenelementes (infinitesimale Fläche), der senkrecht auf dem Flächenelement steht
$d\vec{s}$	Vektor des Wegelementes ds

Potential- und Strömungsfeld des stationären Gleichstroms

Am Beginn der Betrachtungen des Strömungsfeldes des stationären Gleichstroms oder genauer der stationären Stromdichte steht ein Versuch, der mit einfachen Mitteln wiederholt werden kann. Die Messanordnung ist in Abb. 1.1 angegeben. Sie besteht aus einer Plexiglasschale mit zwei Elektroden, die mit einer Gleichspannungsquelle verbunden sind. Die Schale ist mit Leitungswasser gefüllt. Das Wasser ist leitfähig. Der Versuch wird mit einer Spannung von 24 V[1] durchgeführt. Die Messanordnung ist in der z-Richtung homogen.

Für die Versuchsdurchführung wird die Elektrode A mit dem Minuspol eines hochohmigen Voltmeters verbunden, während der andere Pol im Wasser bewegt und dabei an möglichst vielen Punkten die Spannung gemessen wird. In Abb. 1.1 sind als Ergebnisse der Messung die Kurven mit gleichen Messwerten als durchgezogene Linien

---

[1]Das Volt ist die Maßeinheit, die im internationalen Einheitensystem (SI) für die elektrische Spannung festgelegt ist. Sie wurde 1897 nach dem italienischen Physiker Alessandro Volta benannt. Als Einheitenzeichen wird der Großbuchstabe „V" verwendet.

Das Volt ist eine abgeleitete SI-Einheit. Mit den SI-Basiseinheiten Watt (W) und Ampere (A) erhält man.

$$1 \text{ V} = 1\frac{\text{W}}{\text{A}} = 1\frac{\text{N m}}{\text{A s}} = 1\frac{\text{kg m}^2}{\text{A s}^3} = 1\frac{\text{kg}\frac{\text{m}^2}{\text{s}^2}}{\text{A s}} = 1\frac{kg \cdot m^2}{A \cdot s^2}$$

Da diese Definition schwerlich für Eichzwecke als genaue Referenz verwendet werden kann, wird seit 1990 die Einheit Volt mittels des Josephson-Effekts und der Josephson-Konstante festgelegt. Die Einheit Ampere (A) wird in Abschn. 3.2.1 eingeführt.

Historisch wurde die Definition von einem Volt von dem Weston-Normalelement abgeleitet. Dieses Element liefert bei einer Temperatur von 20 °C eine elektrische Spannung von genau 1,01865 V.

© Der/die Autor(en), exklusiv lizenziert durch Springer Fachmedien Wiesbaden GmbH, ein Teil von Springer Nature 2021
J. Donnevert, *Die Maxwell'schen Gleichungen*,
https://doi.org/10.1007/978-3-658-31967-0_1

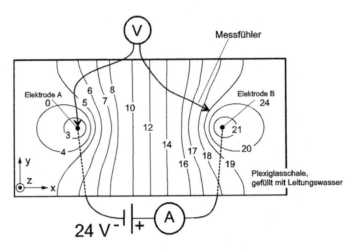

Abb. 1.1 Versuch: Messung der Äquipotentialflächen (Horizontaler Schnitt durch die Äquipotentialflächen)

dargestellt. Diese Linien sind Linien gleichen Potentials. Sie bilden im vorliegenden Versuch den Rand von Äquipotentialflächen, die von der Wasseroberfläche bis zum Boden der Glasschale reichen. Da die beiden Elektroden ebenfalls von der Wasseroberfläche bis zum Boden der Glasschale reichen, hängt der Wert des Potentials in diesem speziellen Fall nicht von der z-Koordinate ab.

Der Bezugspunkt für das Potential in Abb. 1.1 ist die Elektrode A. Dieser Bezugspunkt für das Potential ist willkürlich. Wenn der Bezugspunkt verändert wird, verändern sich die Formen der Potentialflächen nicht, nur die Messwerte des Voltmeters, d. h. die Werte der Äquipotentialflächen verändern sich. Wird der Bezugspunkt z. B. auf die 6 V-Kontur gesetzt, verringern sich alle Potentiale um 6 V (siehe Abb. 1.2). Werden beide Messfühler auf die gleiche Potentialfläche gesetzt, ist die Anzeige 0 V.

Die Äquipotentialflächen, deren Konturen in Abb. 1.1 und 1.2 dargestellt sind, sind Teil eines skalaren Potentialfeldes[2]. Das Potential eines Punktes des Potentialfeldes ist gleich der Spannung zwischen diesem Punkt und einem Referenzpunkt. Demzufolge ist die Spannung zwischen zwei beliebigen Punkten des Potentialfeldes gleich der Potentialdifferenz zwischen diesen Punkten.

Bezeichnet man das Potential des Punktes a mit φ_a und das Potential des Punktes b mit φ_b, dann gilt für die Spannung U_{ab} zwischen diesen Punkten

$$U_{ab} = \varphi_a - \varphi_b \tag{1.1}$$

---

[2]Ein Skalarfeld ist eine Funktion, die jedem Punkt eines Raumes eine reelle Zahl (Skalar) zuordnet.

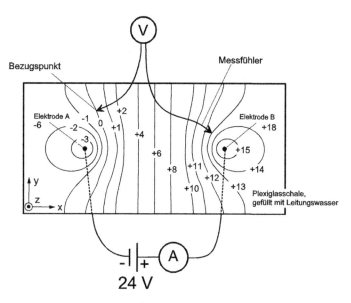

Abb. 1.2 Horizontaler Schnitt durch die Äquipotentialflächen mit verändertem Bezugspunkt

Zwischen den beiden Elektroden A und B fließt ein Strom, der bei dem Versuch 23 mA beträgt[3]. Der Strom fließt dabei über den gesamten mit Wasser gefüllten Raum in der Plexiglasschale. Die positive Stromrichtung ist dabei durch folgende Vereinbarung festgelegt:

Der Strom fließt von Orten mit höherem Potential zu Orten mit geringerem Potential.

Diese Festlegung ist historisch bedingt und beruht auf der damaligen Auffassung, dass der elektrische Strom eine Bewegung positiver Ladungsträger darstellt. Da der elektrische Strom jedoch durch eine Bewegung von Elektronen entsteht, die sich aufgrund ihrer negativen Ladung von Orten eines geringeren Potentials zu Orten eines höheren Potentials bewegen, ist durch diese Vereinbarung die positive Stromrichtung der Bewegungsrichtung der Elektronen entgegengesetzt.

Kennzeichnend für den Stromfluss im Raum ist die Stromdichte im betrachteten Raumpunkt. Die Stromdichte ist die Zahl der Ladungsträger, die sich je Zeiteinheit durch eine Fläche um den betrachteten Raumpunkt bewegen, d. h. die Stromstärke je Fläche. Im Grenzfall strebt die Fläche gegen Null. Die Stromdichte ist im Unterschied zum Potential ein Vektor, der in Richtung des Stromflusses zeigt. Sein Betrag entspricht dem Wert der Stromdichte im betreffenden Raumpunkt. Das Strömungsfeld ist infolgedessen ein Vektorfeld[4]. Die Stromdichte wird im Folgenden mit $\vec{J}$ bezeichnet. Die Einheit der

---

[3]Die Einheit Ampere (A) ist eine der vier Basiseinheiten des internationalen Einheitensystems SI. Auf die Definition dieser Einheit wird in Abschn. 3.2.1 eingegangen.

[4]Ein Vektorfeld ist eine Funktion, die jedem Punkt eines Raumes einen Vektor zuordnet.

Stromdichte ist A/m^2. Der Pfeil über dem Buchstaben J deutet an, dass es sich um einen Vektor handelt.

Zur Erläuterung des Zusammenhangs zwischen Stromstärke und Stromdichte ist in Abb. 1.3 eine gekrümmte, von Strom durchflossene Fläche A abgebildet. Der Vektor $\vec{J}$ ist der Vektor der Stromdichte im Bereich des Flächenelementes dA. Da das Flächenelement als sehr klein angenommen wird, ist die Stromstärke im Bereich dA konstant. Der Vektor $d\vec{A}$ ist ein Vektor, der senkrecht auf der Fläche dA steht. Sein Betrag ist gleich der Fläche dA. Der Vektor $\vec{J}$ der Stromdichte ist in eine Komponente $\vec{J}_t$, die tangential zur Fläche verläuft, und eine Komponente $\vec{J}_n$, die wie der Vektor $d\vec{A}$ senkrecht auf dem Flächenelement dA steht, zerlegt. Lediglich der Anteil $\vec{J}_n$ der Stromdichte durchstößt die Fläche A.

Für die Stromstärke dI, die durch das Flächenelement dA tritt, gilt:

$$dI = \left| \vec{J}_n \right| \cdot \left| d\vec{A} \right|$$

$$dI = \left| \vec{J} \right| \cdot \cos \beta \cdot \left| d\vec{A} \right|$$

d. h.

$$dI = \vec{J} \cdot d\vec{A} \tag{1.2}$$

Der Multiplikationspunkt in (1.2) bezeichnet das skalare Produkt der beiden Vektoren $\vec{J}$ und $d\vec{A}$. Die gesamte Stromstärke, die durch die Fläche A tritt erhält man durch Integration über die Fläche A:

$$I = \iint\limits_A \vec{J} \cdot d\vec{A} \tag{1.3}$$

Das Doppelintegral weist darauf hin, dass über eine Fläche zu integrieren ist.

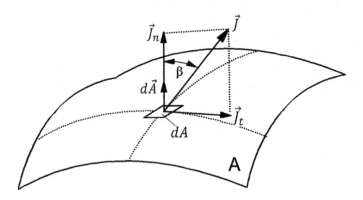

Abb. 1.3 Stromdichte

Erläuterung: Skalarprodukt

Das Skalarprodukt ist ein Produkt zweier Vektoren derart, dass das Ergebnis ein Skalar[5] ist. Für die Bildung des Skalarproduktes müssen die Vektoren die gleiche Anzahl von Komponenten besitzen.

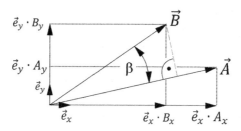

In der Abb. sind zwei Vektoren $\vec{A}$ und $\vec{B}$, die den Winkel β einschließen, in der x–y-Ebene mit ihren Komponenten A_x, A_y, B_x und B_y dargestellt. Außerdem sind die Einheitsvektoren $\vec{e}_x$, und $\vec{e}_y$ eingezeichnet.

Es gilt:

$$|\vec{e}_x| = \vec{e}_x \cdot \vec{e}_x = 1$$
$$|\vec{e}_y| = \vec{e}_y \cdot \vec{e}_y = 1$$
$$\vec{e}_x \cdot \vec{e}_y = 0$$

Für das Skalarprodukt der beiden Vektoren $\vec{A}$ und $\vec{B}$ gilt:

$$\vec{A} \cdot \vec{B} = (A_x \cdot \vec{e}_x + A_y \cdot \vec{e}_y) \cdot (B_x \cdot \vec{e}_x + B_y \cdot \vec{e}_y)$$
$$\vec{A} \cdot \vec{B} = (A_x \cdot \vec{e}_x) \cdot (B_x \cdot \vec{e}_x) + (A_x \cdot \vec{e}_x) \cdot (B_y \cdot \vec{e}_y) + (A_y \cdot \vec{e}_y) \cdot (B_x \cdot \vec{e}_x) + (A_y \cdot \vec{e}_y) \cdot (B_y \cdot \vec{e}_y)$$
$$\vec{A} \cdot \vec{B} = (A_x \cdot B_x \cdot \vec{e}_x \cdot \vec{e}_x) + (A_x \cdot B_y \cdot \vec{e}_x \cdot \vec{e}_y) + (A_y \cdot B_x \cdot \vec{e}_y \cdot \vec{e}_x) + (A_y \cdot B_y \cdot \vec{e}_y \cdot \vec{e}_y)$$
$$\vec{A} \cdot \vec{B} = A_x \cdot B_x + A_y \cdot B_y$$

Zum gleichen Ergebnis führt

$$\vec{A} \cdot \vec{B} = |\vec{A}| \cdot |\vec{B}| \cdot \cos \beta$$

Für Vektoren mit x-, y- und z-Komponenten gilt

$$\vec{A} \cdot \vec{B} = A_x \cdot B_x + A_y \cdot B_y + A_z \cdot B_z$$

In Worten:

---

[5]Ein Skalar ist eine mathematische Größe, die allein durch die Angabe eines Zahlenwertes charakterisiert ist.

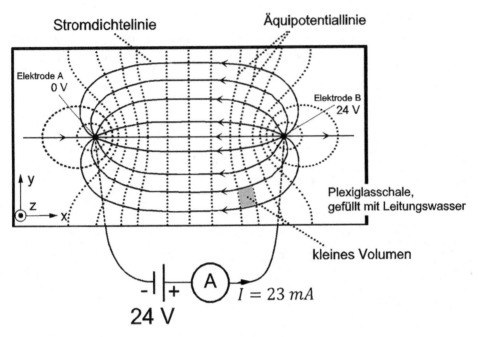

Abb. 1.4 Horizontaler Schnitt durch die Äquipotentialflächen (gestrichelt) und Stromdichtelinien (ausgezogene Linien)

Das Skalarprodukt zweier Vektoren ist die Summe der Produkte der entsprechenden Komponenten.

In Abb. 1.4 ist der Stromfluss in der Plexiglasschale zwischen den Elektroden A und B durch Stromdichtelinien dargestellt. Zusätzlich zu den Stromdichtenlinien sind in dieser Abbildung auch Schnittlinienen der Äquipotentialflächen, d. h. Linien gleichen Potentials bzw. die Äquipotentiallinien eingezeichnet. Der Strom fließt von der Elektrode B verteilt über den gesamten Raum des Plexiglasbehälters zur Elektrode A. Da entlang der Äquipotentialflächen keine Potentialdifferenz besteht, verläuft die Richtung des Stromdichtevektors in jedem Punkt des Potentialfeldes orthogonal, d. h. im rechten Winkel zu den Potentialflächen.

1.1   Elektrische Feldstärke

Die Ursache des Stromflusses in der Versuchsanordnung nach Abb. 1.4 ist die Spannung zwischen den beiden Elektroden. Eine Erhöhung der Spannung hat eine erhöhte Stromstärke zur Folge. Das Potential im speziellen Fall von Abb. 1.4 hängt nicht von der z-Koordinate ab. Somit kann eine dreidimensionale Problemstellung auf eine zweidimensionale Problemstellung reduziert werden.

In der Abbildung ist ein kleines, im Grenzfall ein infinitesimal kleines Volumen hervorgehoben. Die Seitenflächen dieses Volumens sind Äquipotentialflächen. Für die Stromdichte innerhalb dieses Volumens ist nicht der Wert des Potentials auf den Seitenflächen verantwortlich, sondern der Potentialunterschied zwischen den Äquipotentialflächen. Für die mathematische Beschreibung des Strömungsfeldes muss deshalb eine zweite Größe definiert werden: die elektrische Feldstärke. Die elektrische Feldstärke ist ein Vektor, der wie die Stromdichte senkrecht auf den Potentialflächen steht und in Richtung des geringeren Potentials zeigt. Der Betrag der elektrischen Feldstärke gibt die Abnahme $d\varphi$ des Potentials entlang des infinitesimalen Abstandes dn zweier Potentialflächen, dividiert durch diesen Abstand, an. Ebenso wie die Stromdichtevektoren bilden auch die Vektoren der elektrischen Feldstärke im Raum ein Vektorfeld.

Zur weiteren Erläuterung des Begriffes elektrische Feldstärke ist in Abb. 1.5 ein Ausschnitt eines zweidimensionalen Potentialfeldes abgebildet. Dabei sind die Potentialwerte als Potentialgebirge dargestellt. Die Netzstruktur in der Abbildung ist erforderlich, um einen dreidimensionalen Eindruck zu erzeugen.

Zusätzlich ist im rechten Teil der Abb. 1.5 ein Ausschnitt des Potentialfeldes mit zwei Potentiallinien dargestellt. Der Potentialunterschied $\varphi_a - \varphi_b$ von zwei Potentiallinien mit dem infinitesimalem Abstand dn ist mit $d\varphi$ bezeichnet. Für den Betrag der elektrischen Feldstärke gilt somit

$$\left|\vec{E}\right| = E = \frac{\varphi_a - \varphi_b}{dn} = \frac{d\varphi}{dn} \tag{1.4}$$

Dabei ist definitionsgemäß $d\varphi$ für $\varphi_a > \varphi_b$ positiv. Die elektrische Feldstärke hat die Dimension V/m.

In dem Potentialfeld des Versuches nach Abb. 1.1 ist zu erkennen, dass der Abstand der Potentiallinien umso enger ist, je näher sie bei einer der beiden Elektroden liegen.

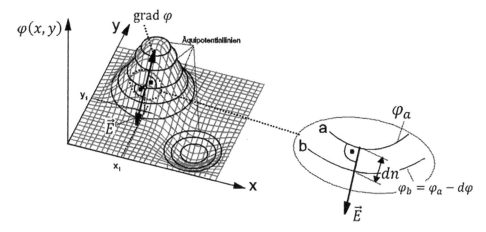

Abb. 1.5 Zweidimensionales Potentialfeld

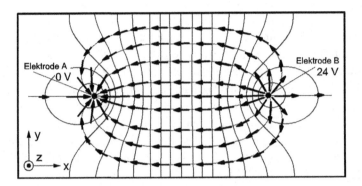

Abb. 1.6 Skalares Potential- und vektorielles Feldstärkefeld

Die Feldstärke ist infolgedessen umso größer, je näher der betrachtete Punkt bei einer der beiden Elektroden liegt. Zur Veranschaulichung des Vektorfeldes der elektrischen Feldstärke ist in Abb. 1.6 neben dem Potentialfeld an einigen, wenigen Punkte die elektrische Feldstärke durch Vektoren angedeutet.

In der Vektoranalysis wird der Vektor, der in Richtung des steilsten Anstiegs eines skalaren Feldes zeigt, als Gradient[6] bezeichnet. Da der Vektor der elektrischen Feldstärke definitionsgemäß in Richtung der stärksten Abnahme des skalaren Potentialfeldes $\varphi(x, y, z)$ zeigt, gilt

$$\vec{E} = -grad\ \varphi \tag{1.5}$$

Anstelle der Bezeichnung grad φ ist auch die Bezeichnung $\nabla\varphi$ gebräuchlich. Der Operator ∇ wird als Nabla-Operator bezeichnet.

$$\vec{E} = -\text{grad}\ \varphi = -\nabla\varphi \tag{1.6}$$

1.1.1   Erläuterung: Gradient bzw. Nabla-Operator

Der Gradient (grad) ist ein mathematischer Differentialoperator, der auf eine skalare Ortsfunktion angewendet wird, im vorliegenden Fall auf ein Potentialfeld. Das Ergebnis ist ein Vektorfeld (siehe (1.6)). Die Komponenten des Vektors

$$\text{grad}\ \varphi = \nabla\varphi$$

sind die partiellen Ableitungsoperatoren des Skalarfeldes φ im dreidimensionalen, jeweiligen Koordinatensystem. Im kartesischen Koordinatensystem bedeutet dies:

---

[6]Lat. gradus = Schritt.

$$\nabla = \frac{\partial}{\partial x} \cdot \vec{e}_x + \frac{\partial}{\partial y} \cdot \vec{e}_y + \frac{\partial}{\partial z} \cdot \vec{e}_z$$

bzw.

$$\Delta\varphi = \text{grad } \varphi = \frac{\partial\varphi}{\partial x} \cdot \vec{e}_x + \frac{\partial\varphi}{\partial y} \cdot \vec{e}_y \frac{\partial\varphi}{\partial z} \cdot \vec{e}_z \tag{1.7}$$

Der Gradient eines Potentialfeldes wird somit wie folgt ermittelt:

1. Bestimmung der Änderung des Potentials $\varphi(x, y, z)$ beim Fortschreiten in x-Richtung um einen infinitesimalen Betrag und Multiplikation mit dem Einheitsvektor $\vec{e}_x$, der in x-Richtung zeigt.
2. Durchführung der beschriebenen Operationen sinngemäß für die y- und z-Koordinate.
3. Addition der drei Vektoren.

Durch das beschriebene Vorgehen erhält man einen Vektor, der in Richtung der größten Zunahme des Potentialfeldes zeigt.

Zylinderkoordinaten

Für zylindersymmetrische Problemstellungen ist es zweckmäßig die Vektoroperation (grad φ) im zylindersymmetrischen Koordinatensystem zu verwenden.

Hinsichtlich der r- und z-Koordinate ist wie im Fall der kartesischen Koordinaten vorzugehen. Bei der Bestimmung der α-Koordinate ist zu beachten, dass der Betrag des Einheits-Winkelvektors $\vec{e}_\alpha$ in Richtung der Tangente des Kreises mit dem Radius r zeigt. Eine Winkeländerung in der x–y-Ebene hat auf dem Bogen des Kreises eine Längenänderung zur Folge, die vom Radius r des Kreises abhängt (siehe Abb. 1.7). Eine Änderung des Winkels α um 1 rad[7] hat auf dem Bogen des Kreises mit dem Radius r eine Längenänderung $1 \cdot r$ LE zur Folge[8]. Für den Einheits-Längenvektor $\vec{e}_{Bogen}$, d. h. für den Vektor, der in Richtung der Tangente des Kreises zeigt und dessen Betrag unabhängig vom Radius r des Kreises gleich eins ist, gilt somit

$$\vec{e}_{Bogen} = \left| \frac{1}{r} \cdot \vec{e}_\alpha \right| = 1$$

Durchführung der Operation $\nabla\varphi(r, \alpha, z) = \text{grad } \varphi(r, \alpha, z)$ in vier Schritten:

1. Änderung des Potentials $\varphi(r, \alpha, z)$ im Punkt P beim Fortschreiten um einen infinitesimalen Betrag in r-Richtung und Multiplikation mit dem Einheitsvektor $\vec{e}_r$, der in r-Richtung zeigt.

---

[7] $360° = 2 \cdot \pi$ rad
[8] LE = Längeneinheit.

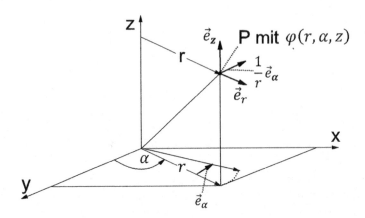

Abb. 1.7 Einheitsvektoren im zylindrischen Koordinatensystem

2. Änderung des Potentials $\varphi(r,\alpha,z)$ beim Fortschreiten um einen infinitesimalen Betrag in α-Richtung und Multiplikation mit dem Einheits-Längenvektor, der in α- Richtung zeigt, d. h. mit dem Vektor $\vec{e}_\alpha/r$.
3. Änderung des Potentials $\varphi(r,\alpha,z)$ im Punkt P beim Fortschreiten um einen infinitesimalen Betrag in z-Richtung und Multiplikation mit dem Einheitsvektor $\vec{e}_z$, der in z-Richtung zeigt.
4. Addition der drei Werte.

Somit gilt für die Operation Gradient in Zylinderkoordinaten[9]

$$\nabla\varphi = \operatorname{grad}\ \varphi = \frac{\partial\varphi}{\partial r}\cdot\vec{e}_r + \frac{1}{r}\cdot\frac{\partial\varphi}{\partial\alpha}\cdot\vec{e}_\alpha + \frac{\partial\varphi}{\partial z}\cdot\vec{e}_z \qquad (1.8)$$

Kugelkoordinaten
Für sphärische Koordinaten gilt sinngemäß, was für den Einheitsvektor $\vec{e}_\alpha$ im Falle von Zylinderkoordinaten ausgeführt wurde (siehe Abb. 1.8):

Einheits-Längenvektor in α–Richtung: $\frac{1}{r\cdot\sin\vartheta}\cdot\vec{e}_\alpha$
Einheits- Längenvektor in ϑ–Richtung: $\frac{1}{r}\cdot\vec{e}_\vartheta$
Einheits Längenvektor in r–Richtung: $\vec{e}_r$
In Kugelkoordinaten ist die Operation $grad\varphi$ somit wie folgt zu berechnen[10]:

$$\nabla\varphi = \operatorname{grad}\ \varphi = \frac{\partial\varphi}{\partial r}\cdot\vec{e}_r + \frac{1}{r\cdot\sin\vartheta}\cdot\frac{\partial\varphi}{\partial\alpha}\cdot\vec{e}_\alpha + \frac{1}{r}\cdot\frac{\partial\varphi}{\partial\vartheta}\cdot\vec{e}_\vartheta \qquad (1.9)$$

---

[9]Für $r = 0$ ist die α-Komponente offensichtlich nicht definiert.
[10]Für $r = 0$ und $\vartheta = 0$ sind die α- und ϑ-Komponente offensichtlich nicht definiert.

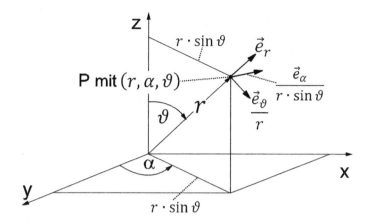

Abb. 1.8 Einheitsvektoren im sphärischen Koordinatensystem

1.2 Die Kirchhoffschen Sätze im Strömungsfeld

Der erste der beiden Sätze bzw. Regeln, die Kirchhoff[11] für elektrische Netzwerke formuliert hat, lautet wie folgt:

→ In einem Knotenpunkt eines elektrischen Netzwerkes ist die Summe der zufließenden Ströme gleich der Summe der abfließenden Ströme.

Im Strömungsfeld muss dieses Gesetz modifiziert werden. Ein Knoten ist durch eine geschlossene Oberfläche zu ersetzen. In Abb. 1.9 ist eine solche Fläche mit 5 infinitesimalen Flächenelementen dA und 5 Stromdichtevektoren $\vec{J}_1$ bis $\vec{J}_5$ dargestellt. Gemäß (1.2) fließt durch ein Oberflächenelement ein Strom $\vec{J} \cdot d\vec{A}$. Der Vektor $d\vec{A}$ steht senkrecht auf dem Oberflächenelement dA und ist nach außen gerichtet. Gemäß Abb. 1.3 und (1.2) gilt

$$\vec{J}_1 \cdot d\vec{A} = I_1$$

und

$$\vec{J}_2 \cdot d\vec{A} = I_2$$

Beide Ströme treten in die Fläche A ein und sind deshalb mit negativem Vorzeichen zu versehen. Die Ströme

$$\vec{J}_3 \cdot d\vec{A} = I_3$$

$$\vec{J}_4 \cdot d\vec{A} = I_4$$

---

[11]Gustav Robert Kirchhoff, deutscher Physiker, *1824, †1887.

Abb. 1.9 Zur ersten
Kirchhoffschen Regel im
Strömungsfeld

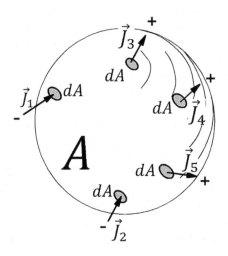

und

$$\vec{J}_5 \cdot d\vec{A} = I_5$$

sind positive Ströme, da sie aus der Fläche A austreten. Die Strompfade innerhalb der geschlossenen Fläche A sind nicht eingezeichnet. Da innerhalb der geschlossenen Fläche A keine Stromquelle vorhanden ist, ist die Summe der in die Fläche eintretenden Ströme gleich der Summe der Ströme, die aus der Fläche austreten. Somit gilt

$$\sum_{n=1}^{5} \vec{J}_n \cdot d\vec{A} = 0 \qquad (1.10)$$

In einem Strömungsfeld sind die Ströme in aller Regel nicht auf eng begrenzte Stromwege beschränkt. Sie sind im Allgemeinen über den gesamten Raum innerhalb der geschlossenen Fläche A verteilt. Die Summe in Gl. (1.10) ist deshalb durch ein Integral über die Fläche A zu ersetzen:

$$\oiint^{A} \vec{J} \cdot d\vec{A} = 0 \qquad (1.11)$$

Das Doppelintegral weist darauf hin, dass über eine geschlossene Fläche zu integrieren ist. Gl. (1.11) ist die erste Kirchhoffsche Regel für das Strömungsfeld.

Die zweite Kirchhoffsche Regel für Netzwerke lautet wie folgt:

Alle Teilspannungen eines Umlaufs bzw. einer Masche in einem elektrischen Netzwerk addieren sich zu Null. Die Umlaufrichtung kann beliebig gewählt werden. Teilspannungen in Richtung des Umlaufsinnes sind positiv, Teilspannungen entgegen der Umlaufrichtung sind negativ.

In einem Potentialfeld ist eine Masche ein in sich geschlossener Weg, über den anstelle der Spannung die elektrische Feldstärke aufsummiert wird. In Abb. 1.10 ist ein solcher Weg ausgehend von Punkt a zu Punkt b und wieder zurück zu Punkt a eingezeichnet. Der untere Teil der Abbildung zeigt einen Ausschnitt der Wege zwischen a und b.

Nach (1.4) ist die Feldstärke gleich dem Potentialunterschied $d\varphi$ dividiert durch den Abstand der Potentialflächen, d. h.

$$\left|\vec{E}\right| = \frac{d\varphi}{|d\vec{s}| \cdot \cos\beta}$$

bzw.

$$d\varphi = \left|\vec{E}\right| \cdot |d\vec{s}| \cdot \cos\beta$$

Ist $d\varphi$ positiv, erhöht sich das Potential beim Fortschreiten in Richtung von $d\vec{s}$. Da der Vektor der elektrischen Feldstärke definitionsgemäß in Richtung des abnehmenden Potentials zeigt, gilt

$$d\varphi = -\vec{E} \cdot d\vec{s} \tag{1.12}$$

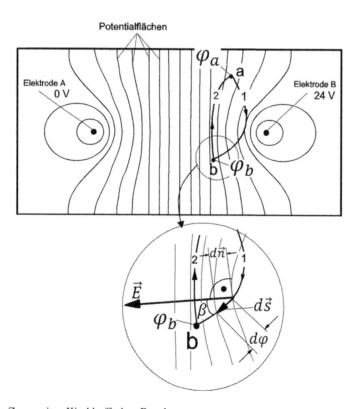

Abb. 1.10 Zur zweiten Kirchhoffschen Regel

In Abb. 1.10 erniedrigt sich somit das Potential beim Fortschreiten in Richtung von $d\vec{s}$
Für das Linienintegral der elektrischen Feldstärke über den Weg zwischen den End-
punkten a und b und damit für die Spannung U_{ab} zwischen diesen Punkten gilt nach
(1.12)

$$U_{ab} = -\int_b^a \vec{E} \cdot d\vec{s} = -(\varphi_a - \varphi_b) = \varphi_b - \varphi_a \qquad (1.13)$$

Das Linienintegral ausgehend von Punkt b in Richtung Punkt a hat den gleichen Betrag
jedoch mit entgegengesetztem Vorzeichen:

$$U_{ba} = -\int_a^b \vec{E} \cdot d\vec{s} = -(\varphi_b - \varphi_a) = \varphi_a - \varphi_b \qquad (1.14)$$

Die Summe der beiden Integrale in (1.13) und (1.14) ist somit gleich Null. Dies
bedeutet: Im stationären Strömungsfeld ist das Linienintegral der elektrischen Feldstärke
auf einem in sich geschlossenen Weg, wenn er keine Spannungsquellen enthält, gleich
Null:

$$\oint \vec{E} \cdot d\vec{s} = 0 \qquad (1.15)$$

Dies ist die Formulierung des zweiten Kirchhoffschen Satzes im Strömungsfeld.

Nach (1.6) gilt

$$\vec{E} = -\text{grad}\,\varphi = -\nabla\varphi$$

Führt man diese Beziehung in (1.13) ein, so erhält man

$$U_{ab} = -\int_b^a \vec{E} \cdot d\vec{s} = \int_b^a \text{grad}\,\varphi \cdot d\vec{s} = \varphi_b - \varphi_a \qquad (1.16)$$

Gl. (1.16) sagt in Verbindung mit (1.15) aus:

→ Das Linienintegral der elektrischen Feldstärke zwischen zwei Punkten a und b des
elektrischen Feldes ist gleich dem Potentialunterschied zwischen diesen beiden Punkten
und unabhängig vom Integrationsweg.

1.3   Das Ohm´sche Gesetz im Strömungsfeld

In Abb. 1.11 sind zwei Potentialflächen und ein kleines Prisma dargestellt. Der Abstand
der Stirnflächen des Prismas ist dn. Die Stirnflächen des Prismas liegen auf Potentialflächen. Die Seitenflächen des Prismas stehen senkrecht zu den Potentialflächen, so dass
die Stromdichtelinien parallel zu den Seitenflächen verlaufen. In die Stirnfläche mit der
Fläche dA tritt ein Strom dI ein. Da die Fläche dA klein ist, gilt für die Stromdichte J

$$J = \frac{dI}{dA} \qquad (1.17)$$

Abb. 1.11 Zum Ohm´schen
Gesetz im Strömungsfeld

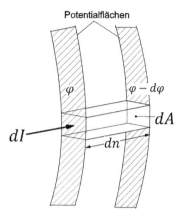

Der Ohm´sche Widerstand des Prismas ist umgekehrt proportional zur spezifischen Leitfähigkeit[12] σ und zur Querschnittsfläche dA und proportional zur Länge dn des Prismas.
Somit gilt für den Widerstand R des Prismas

$$R = \frac{dn}{\sigma \cdot dA} \tag{1.18}$$

Mit dem Ohm´schen Gesetz erhält man damit den Spannungsabfall $d\varphi$ entlang des
Prismas zu

$$d\varphi = R \cdot dI = \frac{dn}{\sigma \cdot dA} \cdot dI \tag{1.19}$$

$$\frac{d\varphi}{dn} = \frac{dI}{\sigma \cdot dA} \tag{1.20}$$

Mit (1.4)

$$\left|\vec{E}\right| = \frac{d\varphi}{dn}$$

und (1.17) folgt aus (1.20)

$$\left|\vec{E}\right| = \frac{1}{\sigma} \cdot \left|\vec{J}\right| = \kappa \cdot \left|\vec{J}\right| \tag{1.21}$$

$$\kappa = \text{spezifischer Widerstand}$$

---

[12]Einheit spezifischen Leitfähigkeit σ: $\frac{S \cdot m}{mm^2}$ meist $\frac{S}{m}$ (S = Siemens = $\frac{1}{\Omega}$).

Da der Vektor der Elektrischen Feldstärke in Richtung des Vektors der Stromdichte[13] zeigt, gilt

$$\vec{E} = \frac{1}{\sigma} \cdot \vec{J} = \kappa \cdot \vec{J} \tag{1.22}$$

1.4   Leistungsdichte im Strömungsfeld

In einem Leiter, durch den der Strom I fließt und an dem die Spannung U abfällt, wird eine Leistung[14] P von

$$P = U \cdot I$$

in Wärme umgesetzt[15]. Für dem Widerstand R des Leiters gilt:

$$R = \frac{U}{I}$$

Für die im Widerstand R umgesetzte Leistung P gilt weiter

$$P = I^2 \cdot R \tag{1.23}$$

Betrachtet man den prismenförmigen Ausschnitt des Strömungsfeldes in Abb. 1.11, so erhält man mit (1.17) und (1.18) und der sinngemäßen Anwendung von (1.23) die in dem Prisma umgesetzte Leistung dP zu

$$dP = (dI)^2 \cdot \frac{dn}{\sigma \cdot dA} = J^2 \cdot (dA)^2 \cdot \frac{dn}{\sigma \cdot dA}$$

$$dP = \frac{1}{\sigma} \cdot J^2 \cdot dn \cdot dA \tag{1.24}$$

In (1.24) ist das Produkt $dn \cdot dA$ das Elementarvolumen dV des prismenförmigen Ausschnittes des Strömungsfeldes. Für die auf das Elementarvolumen bezogene Leistung, d. h. für die Leistungsdichte p des Strömungsfeldes gilt somit:

$$p = \frac{1}{\sigma} \cdot J^2 \tag{1.25}$$

Mit (1.24) erhält man für die Leistungsdichte im Strömungsfeld die folgende Beziehung

$$p = J \cdot E = \sigma \cdot E^2 \tag{1.26}$$

---

[13]Der Strom fließt von Orten mit höherem Potential zu Orten mit geringerem Potential.

[14]Leistung = Energie/Zeit = Energiefluss.

[15]P ist die Verlustleistung im Leiter.

1.5   Stromleitung in metallischen Leitern

Die Voraussetzung der Stromleitung im Metallgitter, z. B. eines Kupferleiters, sind die freien Elektronen der Metallatome. Jedes Atom im Atomgitter des Kupfers stellt ein freies Elektron zur Verfügung, das sich mit hoher Geschwindigkeit an der thermischen Chaosbewegung im Gitter beteiligt. Der quadratische Mittelwert dieser Geschwindigkeit ist zur Temperatur proportional. Der elektrische Stromfluss entsteht infolge der mechanischen Kräfte im elektrischen Feld, welches die Strom- bzw. die Spannungsquelle erzeugt. Hierdurch wird eine gerichtete Bewegung der Leitungselektronen bewirkt. Beim Stromfluss wird die thermische Chaosbewegung der freien Elektronen von der langsamen, gemeinsamen Driftbewegung in Richtung vom Minuspol zum Pluspol überlagert. Die freien Elektronen sind die Träger der negativen Ladung, die positiv geladenen Metallionen sind die Träger der positiven Ladung.

Die Stromstärke ist die Ladungsmenge bzw. Ladung, die sich in der Zeiteinheit durch den Leiterquerschnitt bewegt. Die Einheit der Ladungsmenge ist Coulomb (Einheitszeichen C)[16]. Die Stromstärke von einem Ampere[17] ist definiert als die elektrische Ladungsmenge, die innerhalb einer Sekunde durch den Querschnitt eines Leiters transportiert wird[18].

Somit gilt:

$$1A = 1\frac{C}{s} \tag{1.27}$$

Bei einer Stromdichte von $J = 1A/cm^2$ fließt je Sekunde somit eine Ladungsmenge von von $1C$ bzw. $1A\,s$ durch einen Querschnitt von $1cm^2$.

Da die Ladung eines Elektrons

$$e = 1,602\,176\,634 \cdot 10^{-19}As = 1,602\,176\,634 \cdot 10^{-19}C$$

beträgt, entspricht die Ladungsmenge von $1C$ bzw. von $1A\,s$ der Ladung von

$$\frac{1}{1,602\,176\,634 \cdot 10^{-19}} = 6,241\,509\,074 \cdot 10^{18}$$

Elektronen. Ein Stromfluss der Stromstärke I in einem Leiter ist gleichbedeutend mit einem Transport der Ladung Q während der Zeit t

$$Q = I \cdot t \tag{1.28}$$

---

[16]Charles Augustin de Coulomb, französischer Physiker und Ingenieur, *1736, †1806.

[17]André-Marie Ampère, französischer Physiker und Mathematiker, *1775, †1836.

[18]Die Definition der Stromstärke ist in Abschn. 3.2.1 erklärt. Da die Einheit Ampere eine Basiseinheit ist, ist die Einheit Coulomb eine abgeleitete Einheit.

Bei einer Driftgeschwindigkeit v und einer Stromstärke I wird im Leiterabschnitt der Länge l eine Ladung

$$Q = I \cdot \frac{l}{v}$$

bewegt.

Bei einem Leiterquerschnitt A gilt damit für die Stromdichte J

$$J = \frac{I}{A} = \frac{Q \cdot v}{l \cdot A}$$

Mit (1.26) erhält man für die in dem Leiterabschnitt mit der Querschnittfläche A und der Länge l in Wärme umgesetzte Leistung

$$P = p \cdot l \cdot A = J \cdot E \cdot l \cdot A = \frac{Q \cdot v}{l \cdot A} \cdot E \cdot l \cdot A = Q \cdot v \cdot E \qquad (1.29)$$

Die freien Elektronen des Leitermaterials bewegen sich infolge der Kraft F, die durch das elektrische Feld auf sie ausgeübt wird. Die für diese Bewegung erforderliche Leistung P ist.

$$P = F \cdot v \qquad (1.30)$$

Sie muss dem elektrischen Feld zugeführt werden. Die Leistung P in (1.29) ist gleich der Leistung P in (1.30). Somit gilt für die auf die freien Elektronen wirkende Kraft F

$$F \cdot v = Q \cdot v \cdot E$$

bzw.

$$F = Q \cdot E \qquad (1.31)$$

Da die freien Elektronen negativ geladen sind, wirkt die Kraft, die auf die Elektronen ausgeübt wird, entgegen der Richtung der elektrischen Feldstärke. Das Integral der Kraft entlang des Weges zwischen zwei Punkten a und b (Wegelement $\vec{ds}$) des elektrischen Feldes ist gleich der Arbeit A, die geleistet werden muss, um die Ladung Q von a nach b zu verschieben. Nach Gl. (1.31) gilt

$$A = \int_a^b \vec{F} \cdot \vec{ds} = Q \cdot \int_a^b \vec{E} \cdot \vec{ds} \qquad (1.32)$$

Das rechte Integral in dieser Gleichung ist nach (1.13) die Potentialdifferenz $(\varphi_b - \varphi_a)$, d. h. die Spannung U_{ab} zwischen den Punkten a und b

$$\int_a^b \vec{E} \cdot \vec{ds} = -\int_b^a \vec{E} \cdot \vec{ds} = \varphi_b - \varphi_a = U_{ab} \qquad (1.33)$$

Dies bedeutet: Die Spannung zwischen zwei Punkten des elektrischen Feldes ist die Arbeit A, die geleistet werden muss, um eine Ladung $Q = 1C$ vom Punkt a nach Punkt b zu verschieben.

Nach (1.6) gilt

$$\vec{E} = -\mathrm{grad}\,\varphi$$

und somit

$$A = Q \cdot U_{ab} = Q \cdot \int_{a}^{b} \vec{E} \cdot d\vec{s} = Q \cdot \int_{a}^{b} (-\mathrm{grad}\,\varphi) \cdot d\vec{s} = -Q \cdot \int_{a}^{b} (\mathrm{grad}\,\varphi) \cdot d\vec{s} \quad (1.34)$$

Der Gradient gibt den Anstieg des Potentialfeldes an. Da die Elektronen negativ geladen sind und $\varphi_b > \varphi_a$, muss nach dieser Gleichung Arbeit aufgewendet werden, um Elektronen von einem niedrigen Potential d. h. von φ_a auf ein höheres Potentialniveau, d. h. zu φ_b zu verschieben, d. h. entgegen der Richtung der elektrischen Feldstärke (vgl. Abb. 1.5).

Die Elektrostatik ist das Teilgebiet der Physik, das sich mit zeitunabhängigen, d. h. statischen elektrischen Feldern befasst. Statische elektrische Felder werden von ruhenden elektrischen Ladungen und Ladungsverteilungen erzeugt. In Abb. 2.1 ist eine Anordnung dargestellt, mit der zwischen zwei metallischen Elektroden ein statisches elektrisches Feld erzeugt werden kann. Die Anordnung wird als Kondensator bezeichnet. Zwischen den Elektroden befindet sich nichtleitendes Material, das Dielektrikum[1]. Die Elektroden sind mit einer Spannungsquelle verbunden, wodurch der Elektrode B negative Ladungsträger, d. h. Elektronen zugeführt werden. In der Elektrode A werden die freien Elektronen des Metalls abgeführt, wodurch positiv geladene Metallionen entstehen, die Träger der positiven Ladung. Werden die Anschlüsse der Spannungsquelle von den Elektroden gelöst, bleibt die Ladung auf den Elektroden erhalten. Der Kondensator ist folglich in der Lage, Ladungen zu speichern.

Im Dielektrikum des Kondensators bildet sich ein elektrisches Feld, das auf Ladungen eine Kraftwirkung ausübt. Durch diese Kraftwirkung kann die Existenz des elektrischen Feldes nachgewiesen werden.

Die Messung der Kraftwirkung auf Ladungen im elektrischen Feld kann durch eine Versuchsanordnung nach Abb. 2.2 erfolgen. Die Elektroden des Kondensators bestehen aus zwei Metallplatten, die etwa 1 cm auseinander stehen. Das Dielektrikum ist Luft[2]. Für den Versuch wird mit einer Hochspannungsquelle an die Elektroden des Kondensators eine Spannung von 15 kV angelegt. Im Raum zwischen den Elektroden

---

[1]Im Folgenden werden ausschließlich nichtleitende Dielektrika betrachtet.

[2]Die Messwerte für den Fall, dass das Dielektrikum Luft ist, entsprechen nahezu den Werten für den Fall, dass sich zwischen den Platten ein Vakuum befindet.

© Der/die Autor(en), exklusiv lizenziert durch Springer Fachmedien Wiesbaden GmbH, ein Teil von Springer Nature 2021
J. Donnevert, *Die Maxwell'schen Gleichungen,*
https://doi.org/10.1007/978-3-658-31967-0_2

Abb. 2.1 Kondensator

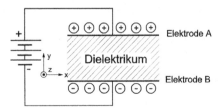

Abb. 2.2 Nachweis der
Kraftwirkung im elektrischen
Feld

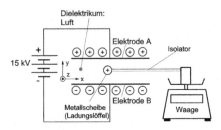

befindet sich eine kleine Metallscheibe (Ladungslöffel), die über einen Stab aus nicht-
leitendem Material mit einer elektronischen Feinwaage verbunden ist. Die Metallscheibe
muss zunächst entladen werden. Dies erfolgt bei abgeschalteter Spannungsquelle,
indem die Scheibe berührt wird, wobei sich der Experimentator zuvor an einer der Erd-
leitung des Labors oder an einer Wasserleitung geerdet hat. Der Ladungslöffel wird
anschließend in die Mitte zwischen die Elektroden gedreht. Wenn jetzt die Spannung von
15 kV an die Elektroden gelegt wird und sich der Ausschlag der Waage nicht verändert,
befindet sich der Ladungslöffel in der richtigen Position.

Es werden zwei Versuchsreihen durchgeführt. Zunächst wird der Ladungslöffel
positiv geladen, indem er kurzzeitig mit der positiv geladenen Elektrode in Kontakt
gebracht wird. Anschließend halbiert man die Ladung auf dem Löffel, indem man
ihn mit einem gleichartigen, ungeladenen Löffel im feldfreien Raum (Spannung
abgeschaltet) berührt. Diese Prozedur wird so oft wiederholt, bis die Kraft auf den
Probelöffel zu klein für eine sinnvolle Ablesung ist.

Abb. 2.3 zeigt das Messergebnis. Man erkennt: Die auf eine Ladung wirkende Kraft F
ist bei konstanter Spannung U der Ladungsmenge Q proportional:

$$F \sim Q \quad mit \quad U = konst$$

Entsprechend (1.31) ist der Quotient F/Q die elektrische Feldstärke. Im elektrischen
Feld ist die Feldstärke ein Vektor, der in Richtung der Kraft zeigt, die auf eine positive
Ladung wirkt

$$\vec{F} = Q \cdot \vec{E} \tag{2.1}$$

In einer zweiten Versuchsreihe wird die Kraft F, die auf eine Ladung Q wirkt, als
Funktion der Spannung U, die an den Elektroden des Kondensators anliegt, gemessen.

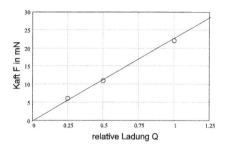

Abb. 2.3 Messung der Kraft *F* als Funktion der Ladung ($U = 15\,\mathrm{kV}$)
(Eine Waage misst die Gewichtskraft. Da die mittlere Erdbeschleunigung $g = 9,18\,\mathrm{m/s^2}$ beträgt,
wirkt auf einen Körper der Masse 1 kg die Gewichtskraft 9,81 N. Umgekehrt ist 1 Newton (N) die
Gewichtskraft, welche auf einen Körper mit der Masse 102 g wirkt.)

Abb. 2.4 Messung der Kraft
F als Funktion der Spannung *U*
am Kondensator

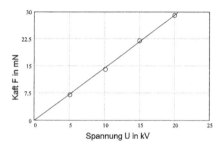

Das Messergebnis zeigt Abb. 2.4: Die auf die Ladung wirkende Kraft ist der anliegenden
Spannung proportional

$$F \sim U \quad mit\ Q = \mathrm{konst}$$

Mit Hilfe von Grieskörnern, die in einer mit Rizinusöl oder Glyzerin gefüllten Glasschale schwimmen, lassen sich die Feldlinien[3] des elektrischen Feldes, das sich
zwischen den Kondensatorblatten ausbildet, sichtbar machen. Rizinusöl ist im Gegensatz zu Leitungswasser ein Isolator. Grießkörner richten sich in einem elektrischen
Feld in Richtung der elektrischen Feldstärke aus. In Abb. 2.5 ist die Versuchsanordnung
skizziert. In der Glasschale befinden sich zwei Elektroden, welche die Kondensatorplatten nachbilden. Die Elektroden sind mit einer Hochspannungsquelle verbunden.
Besonders gut kann man die Ausrichtung der Grieskörner im durchscheinenden Licht
eines Tageslichtprojektors sichtbar machen. In Ergänzung zum Griesbild ist in Abb. 2.6

---

[3]Feldlinien sind Linien, die in Vektorfeldern die Richtungen der Vektoren veranschaulichen. In
jedem Punkt einer Feldlinie stimmt die Tangente an die Feldlinie mit der Richtung des Vektors in
diesem Feldpunkt überein.

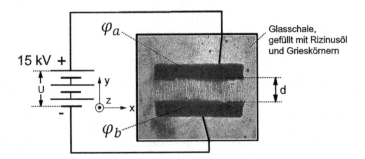

Abb. 2.5 Griesbild des elektrischen Feldes eines Plattenkondensators (Abdruck mit freundlicher Genehmigung der Fakultät für Physik der LMU München)

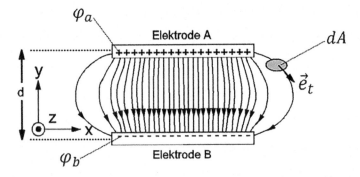

Abb. 2.6 Elektrische Feldlinien eines Plattenkondensators (Computersimulation)

eine Computersimulation des elektrischen Feldes eines Kondensators dargestellt. Die Potentialflächen sind nicht dargestellt. Sie verlaufen senkrecht zur Zeichenebene.

In technischen Anwendungen ist der Abstand d der Elektroden eines Kondensators stets sehr gering. Die Feldlinien außerhalb des Raumes zwischen den Elektroden sind deshalb zu vernachlässigen. Die Feldlinien zwischen den Elektroden verlaufen in diesem Fall parallel zueinander (siehe Abb. 2.7). Die Elektroden sind Potentialflächen mit den Potentialen φ_a und φ_b. Für die Feldstärke zwischen den Potentialflächen gilt somit (siehe 1.1 und 1.4)

$$E = \frac{\varphi_a - \varphi_b}{d} = \frac{U}{d} \qquad (2.2)$$

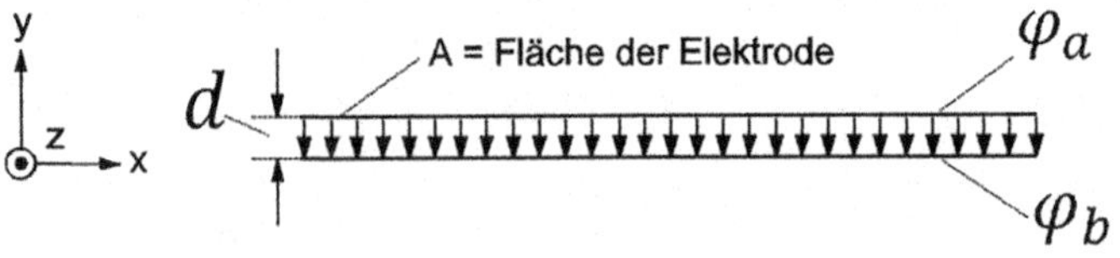

Abb. 2.7 Plattenkondensator mit geringem Abstand d der Elektroden

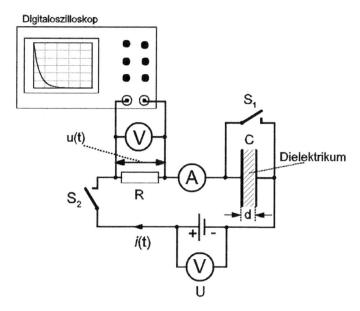

Abb. 2.8 Messung der Ladung eines Kondensators

Die Ladungsmenge, die sich nach dem Aufladen des Kondensators auf einer Elektrode des Kondensators befindet, wird als elektrischer Fluss bezeichnet.

Sein Wert kann mit Hilfe der Anordnung nach Abb. 2.8 gemessen werden.

Zu Beginn der Messung wird der Schalter S_1 geschlossen, um den Kondensator C zu entladen. Nachdem der Kondensator entladen ist, wird der Schalter S_1 geöffnet und anschließend der Schalter S_2 geschlossen. Nach dem Schließen des Schalters S_2 fließt der Ladestrom $i(t)$. Das Amperemeter A ist ein empfindliches Digitalmessgerät (Transienten-Recorder), welches in kurzen Zeitabständen die Werte des augenblicklichen Ladestromes misst und an einen Rechner überträgt, mit dem dann das Integral des Stromes über die Ladezeit berechnet werden kann. Alternativ hierzu kann auch der Spannungsverlauf am Widerstand R gemessen werden, ggf. mit einem Digitalspeicher-Oszilloskop. Aus dem zeitlichen Verlauf der Spannung am Widerstand R kann der zeitliche Verlauf des Stromes berechnet und durch Integration die Ladung Q ermittelt werden, die sich am Ende des Ladevorgangs auf den Elektroden des Kondensators befindet (siehe (1.28))

$$Q = \int i(t)dt = \frac{1}{R} \cdot \int u(t)dt \qquad (2.3)$$

In Abb. 2.9 ist das Ergebnis einer derartigen Messung graphisch dargestellt. Die Integration liefert als Ergebnis

Abb. 2.9 Ladestrom eines
Kondensators ($U = 300$V,
$d = 4$mm,
Fläche einer Elektrode:
$A = 900$cm^2, $R = 50$kΩ,
Dielektrikum = Luft)

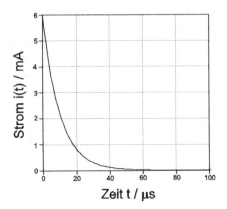

$$Q = 5,98 \cdot 10^{-8} \, As = 5,98 \cdot 10^{-8} C \qquad (2.4)$$

Das elektrische Feld ist in Abb. 2.6 ist durch Feldlinien veranschaulicht. Die Feldlinien gehen von den positiven Ladungen aus und enden in den negativen Ladungen. Die Gesamtheit der elektrischen Feldlinien, die auch als Kraftlinien oder aus historischen Gründen als Verschiebungslinien bezeichnet werden, bilden den sogenannten elektrischen Fluss des Feldes bzw. den Verschiebungsfluss[4]. Die Gesamtheit der elektrischen Feldlinien entspricht im Wert der Ladung auf den Elektroden. Sowohl für den elektrischen Fluss als auch für die ihn erzeugende Ladung wird die Bezeichnung Q verwendet. Der elektrische Fluss ist jedoch nicht mit der Ladung, die ihn hervorruft, gleich zu setzen. Der elektrische Fluss existiert vielmehr außerhalb der Ladung. Er repräsentiert das elektrische Feld, das durch die Ladung erzeugt wird. Die elektrischen Feldlinien symbolisieren die Kraft, die das elektrische Feld auf Ladungen in seinem Einflussbereich ausübt. Elektrische Feldlinien sind mit Stromdichtelinien des Strömungsfeldes vergleichbar, jedoch findet im Gegensatz zu den Stromdichtelinien entlang der elektrischen Feldlinien kein Ladungstransport statt[5]. Je enger die elektrischen Feldlinien beieinander liegen, umso größer ist die Kraft, die das Feld auf Ladungen ausübt. Für die folgenden Betrachtungen des elektrischen Feldes ist folglich die die elektrische Flussdichte[6] von besonderer Bedeutung. Sie ist ein Vektor, der in Richtung der Tangente der elektrischen Feldlinie im betreffenden Feldpunkt zeigt. In Abb. 2.6 ist das Flächenelement dA und der Einheitsvektor $\vec{e}_t$, der in Richtung der Tangente der elektrische Feldlinie zeigt,

---

[4]Die Bezeichnung Verschiebungsfluss geht auf Maxwell zurück, der die elektrische Flussdichte als „displacement current" bezeichnet hat.

[5]Für den Fall eines nichtleitenden Dielektrikums.

[6]Anstelle des Begriffes elektrische Flussdichte wird aus historischen Gründen auch die Bezeichnung Verschiebungsdichte verwendet. Im folgenden Text wird ausschließlich die Bezeichnung elektrische Flussdichte verwendet. Sie ist das Analogon zur magnetischen Flussdichte (siehe Kap. 3).

eingezeichnet. Durch das Flächenelement dA tritt der elektrische Fluss dQ. Für die elektrische Flussdichte $\vec{D}$ innerhalb des Flächenelement dA gilt somit

$$\vec{D} = \frac{dQ}{dA} \cdot \vec{e}_t \tag{2.5}$$

Auf den Elektroden eines Kondensators dessen Plattenabstand d sehr gering ist, verteilt sich die Ladung gleichmäßig auf der Fläche A der Elektroden und somit auch der elektrische Fluss Q (siehe Abb. 2.7). Die elektrische Flussdichte kann in diesem Fall wie folgt berechnet werden

$$\left|\vec{D}\right| = D = \frac{Q}{A} \tag{2.6}$$

Die in Abb. 2.8 beschriebene Ladungsmessung kann mit unterschiedlichen isolierenden Materialien als Dielektrikum bei konstantem Abstand d der Platten durchgeführt werden. Für den Fall, dass das Dielektrikum Luft ist, erhält man mit dem Ergebnis aus (2.4) und den folgenden Werten das Verhältnis D/E zu.

Spannung an den Elektroden: $U = 300$V
Plattenabstand: $d = 4$ mm
Fläche einer Elektrode: $A = 900$cm^2
Ladung der Elektroden: $Q = 5,976 \cdot 10^{-8}$A s

$$\frac{D}{E} = \frac{d}{U} \cdot \frac{Q}{A} = \frac{4 \cdot 10^{-3} \text{ m}}{300 \text{ V}} \cdot \frac{5,98 \cdot 10^{-8} \text{ As}}{900 \cdot 10^{-4} \text{ m}^2} = 8,859 \cdot 10^{-12} \frac{\text{As}}{\text{Vm}} \tag{2.7}$$

Das Verhältnis D/E trägt für den Fall, dass zwischen der Elektroden des Kondensators freier Raum (Vakuum) ist, die Bezeichnung elektrische Feldkonstante ε_0, Permittivität bzw. absolute Permittivität oder auch dielektrische Leitfähigkeit des Vakuums (veraltet: absolute Dielektrizitätskonstante). Der genaue Wert der elektrischen Feldkonstanten beträgt[7]

$$\frac{D}{E} = \varepsilon_o = 8,85418782 \cdot 10^{-12} \frac{\text{As}}{\text{Vm}} \tag{2.8}$$

Aus (2.8) ergibt sich der folgende Zusammenhang zwischen elektrischer Feldstärke und elektrischer Flussdichte im Vakuum

$$D = \varepsilon_o \cdot E \tag{2.9}$$

Da der Vektor der elektrischen Flussdichte die gleiche Richtung hat wie die elektrische Feldstärke gilt

---

[7]Dieser Wert wird in Kap. 4 aus der magnetischen Feldkonstanten bzw. der Permeabilität des Vakuums μ_0 und der Lichtgeschwindigkeit hergeleitet.

Tab. 2.1 Werte der relativen
Permittivität für verschiedene
Materialien (18° C,
Frequenz: >100 Hz).

Dielektrikum	ε_r
Luft	1,0006
Glas	2–3
Pertinax, Epoxidharz	4,3–5,4
Keramik	> 10
Bariumtitanat	10^3–10^4

$$\vec{D} = \varepsilon_o \cdot \vec{E} \qquad (2.10)$$

Wird der Raum zwischen den Elektroden mit einem anderen Dielektrikum als Luft aus-gefüllt, können auf dem Kondensator größere Ladungsmengen gespeichert werden, d. h. bei gleicher am Kondensator anliegender Spannung bzw. gleicher Feldstärke ist die elektrische Flussdichte größer als im Fall des Vakuums. Der Zusammenhang zwischen elektrischer Feldstärke und elektrischer Flussdichte wird in diesem Fall durch das Produkt von relativer Permittivität ε_r und „absoluter" Permittivität ε_o bestimmt

$$\vec{D} = \varepsilon_r \cdot \varepsilon_o \cdot \vec{E} = \varepsilon \cdot \vec{E} \qquad (2.11)$$

In Tab. 2.1 sind für einige Materialien Werte der relativen Permittivität angegeben. Ursache für die erhöhte Speicherkapazität von Kondensatoren mit Dielektrikum, dessen relative Permittivität $\varepsilon_r > 1$ ist, beruht auf der Fähigkeit des Dielektrikums seine Moleküle in Richtung des elektrischen Feldes auszurichten. Diese Ausrichtung bezeichnet man als Polarisation des Dielektrikums.

Ein Kondensator wird durch seine Fähigkeit charakterisiert, bei einer bestimmten, angelegten Spannung U eine bestimmte Ladung Q aufzunehmen bzw. zu speichern. Wird die Spannungsquelle entfernt, bleibt die Ladung auf den Elektroden erhalten, sofern das Dielektrikums ideal nichtleitend ist (spezifische Leitfähigkeit gleich Null). Aus (2.11) folgt mit (2.2) für einen Plattenkondensator mit eng beieinander liegenden Platten

$$D = \frac{Q}{A} = \varepsilon \cdot E = \varepsilon \cdot \frac{U}{d}$$

Hieraus erhält man:

$$Q = \frac{\varepsilon \cdot A}{d} \cdot U \qquad (2.12)$$

In (2.12) ist der Faktor

$$C = \frac{\varepsilon \cdot A}{d} \qquad (2.13)$$

die Kapazität des Kondensators. Aus (2.12) und (2.13) folgt

$$Q = C \cdot U \tag{2.14}$$

Die Ladung Q die in einem Kondensator der Kapazität C gespeichert werden kann, ist somit der angelegten Spannung U proportional.

2.1   Elektrisches Feld von Kugel- und Punktladungen

Elektrische Felder bilden sich nicht nur zwischen den Elektroden eines Platten-kondensators aus sondern auch zwischen geladenen Körpern mit beliebiger Form. Im Folgenden werden elektrische Felder zwischen Körpern mit kugelförmiger Oberfläche näher betrachtet.

In Abb. 2.10 ist eine Metallkugel im Schnitt dargestellt. Sie ist mit der positiven Elektrode einer Gleichspannungsquelle verbunden, sodass sie mit positiver Ladung beaufschlagt ist. Die Gegenelektrode ist ebenfalls als kugelförmig anzunehmen. Sie befindet sich in einer unendlich großen Entfernung zur Metallkugel. Da die negative Elektrode der Spannungsquelle geerdet ist, ist die Gegenelektrode negativ geladen. Wird die Spannungsquelle entfernt, bleibt die Ladung auf der Kugel und der Gegenelektrode bestehen.

Da die Ladungen auf der Kugel gleiches Vorzeichen haben, stoßen sie sich ab und verteilen sich gleichmäßig auf der Oberfläche der Kugel. Unter dieser Voraussetzung besteht kein Potentialunterschied auf der Kugeloberfläche. Zudem ist das Innere der Kugel potentialfrei. Falls im Innern der Kugel ein elektrisches Feld vorhanden wäre, würden auf die freien Elektronen des Metalls Kräfte ausgeübt, die eine Bewegung der Elektronen nach sich zöge. Dabei würde Wärme erzeugt, ohne dass eine Energiequelle vorhanden ist. Dies widerspricht dem Energieerhaltungssatz. Die Kugeloberfläche ist infolgedessen eine Potentialfläche. Falls die Kugel positive Ladungen trägt, gehen die

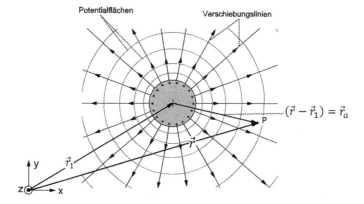

Abb. 2.10 Elektrische Feldlinien und Potentialflächen einer Kugelladung (Schnitt in der Ebene $z = 0$)

elektrischen Feldlinien strahlenförmig von der Kugel aus. Der Betrag der elektrischen Flussdichte $\vec{D}$ nimmt folglich mit dem Quadrat der Entfernung vom Kugelmittelpunkt ab. Durch sinngemäße Anwendung von (2.6) (Ladung Q der Kugel dividiert durch die Kugeloberfläche) ergibt sich anhand von Abb. 2.10 für den Vektor der elektrischen Flussdichte $\vec{D}(\vec{r})$ außerhalb der Kugel die folgende Beziehung

$$\vec{D}(\vec{r}) = \frac{Q \cdot (\vec{r} - \vec{r}_1)}{4 \cdot \pi \cdot |\vec{r} - \vec{r}_1|^3} \tag{2.15}$$

In (2.15) ist der Quotient

$$\frac{(\vec{r} - \vec{r}_1)}{|\vec{r} - \vec{r}_1|} = \vec{e}_r$$

der Einheitsvektor, der in radialer Richtung d. h. in Richtung $(\vec{r} - \vec{r}_1) = \vec{r}_a$ zeigt. Entsprechend (2.11) erhält man die elektrische Feldstärke zu

$$\vec{E}(\vec{r}) = \frac{Q \cdot (\vec{r} - \vec{r}_1)}{4 \cdot \pi \cdot \varepsilon \cdot |\vec{r} - \vec{r}_1|^3} = \frac{Q}{4 \cdot \pi \cdot \varepsilon \cdot r_a^2} \cdot \vec{e}_r \tag{2.16}$$

Für die elektrische Feldstärke gilt nach (1.5)

$$\vec{E} = -\mathrm{grad}\ \varphi$$

Da die elektrische Feldstärke nur eine Komponente in Radialrichtung, d. h. in Richtung von $(\vec{r} - \vec{r}_1) = \vec{r}_a$ bzw. $\left(\frac{\vec{r}_a}{r_a} = \vec{e}_r\right)$ besitzt, erhält man mit (1.9)

$$\vec{E}(\vec{r}_a) = -\frac{\partial \varphi}{\partial r_a} \cdot \vec{e}_r \tag{2.17}$$

Aus (2.17) folgt mit (2.16) damit

$$\varphi(\vec{r}_a) = -\int E(\vec{r}_a) \cdot \vec{e}_r \cdot \partial r_a = -\frac{Q}{4 \cdot \pi \cdot \varepsilon} \cdot \int \frac{1}{r_a^2} \cdot \partial r_a = \frac{Q}{4 \cdot \pi \cdot \varepsilon} \cdot \frac{1}{r_a} + \varphi_0$$

Der Summand φ_0 kann als das Potential im Unendlichen aufgefasst werden und gleich Null gesetzt werden. Damit gilt für das Potential einer Kugelladung außerhalb der Kugelfläche

$$\varphi(\vec{r}_a) = \varphi(\vec{r}) = \frac{Q}{4 \cdot \pi \cdot \varepsilon} \cdot \frac{1}{r_a} = \frac{Q}{4 \cdot \pi \cdot \varepsilon} \cdot \frac{1}{|\vec{r} - \vec{r}_1|} \tag{2.18}$$

Das elektrische Feld außerhalb der Kugel in Abb. 2.10 kann man durch eine Ladung, die im Mittelpunkt der Kugel konzentriert ist, d. h. durch eine Punktladung ersetzen. Für den Fall, dass sich N Punktladungen im Raum befinden, entsteht das elektrische Feld dieser Ladungen, da es sich um eine lineares System handelt, aus der Summe der elektrischen Flussdichten bzw. der elektrischen Feldstärken der N Einzelladungen (sieheAbb. 2.11).

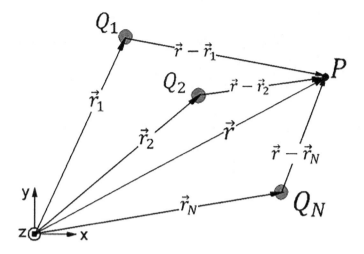

Abb. 2.11 Überlagerung des Feldes von mehreren Punktladungen

Für die elektrische Flussdichte, die elektrische Feldstärke und das Potential im Punkt P gelten somit die folgenden Beziehungen (siehe (2.15) bis (2.18))

$$\vec{D}(\vec{r}) = \frac{1}{4 \cdot \pi} \sum_{j=0}^{N} \frac{Q_j \cdot (\vec{r} - \vec{r}_j)}{\cdot |\vec{r} - \vec{r}_j|^3} \qquad (2.19)$$

bzw.:

$$\vec{E}(\vec{r}) = \frac{1}{4 \cdot \pi \cdot \varepsilon} \sum_{j=0}^{N} \frac{Q_j \cdot (\vec{r} - \vec{r}_j)}{\cdot |\vec{r} - \vec{r}_j|^3} \qquad (2.20)$$

bzw.:

$$\varphi(\vec{r}) = \frac{1}{4 \cdot \pi \cdot \varepsilon} \sum_{j=0}^{N} \frac{Q_j}{|\vec{r} - \vec{r}_j|} \qquad (2.21)$$

In Abb. 2.12 ist als Beispiel das Griesbild eines elektrischen Dipols angegeben. Der Dipol besteht idealerweise aus zwei Punktladungen mit unterschiedlichem Vorzeichen. Das berechnete Feldbild zeigt Abb. 2.13. Zusätzlich zu den elektrischen Feldlinien sind in dieser Abb. zwei Kugelflächen A_1 und A_2 im Schnitt dargestellt. Es sind geschlossene Hüllflächen, von denen die Hüllfläche A_2 die Ladung $+Q$ umschließt. Der Vektor $d\vec{A}$ steht senkrecht auf dem jeweiligen Flächenelement der Hüllfläche. Er zeigt vereinbarungsgemäß nach außen. Sein Betrag ist gleich der Fläche des Flächenelementes. Bildet man das Skalarprodukt $\vec{D} \cdot d\vec{A}$ in einem Punkt der Hüllfläche, so trägt

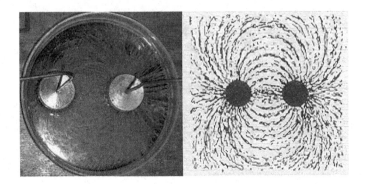

Abb. 2.12 Griesbild eines elektrischen Dipols. (Quelle: Joachim Herz Stiftung)

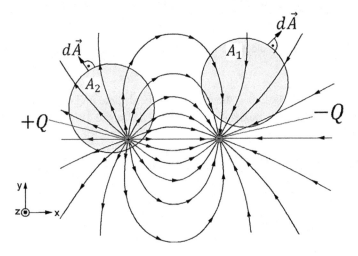

Abb. 2.13 Feldlinien eines elektrischen Dipols (Schnitt durch die Ebene $z = 0$)

nur die Komponente der elektrischen Flussdichte $\vec{D}$ positiv zum Wert des Produktes bei, die vertikal zur Hüllfläche orientiert ist. Die tangential zur Hüllfläche verlaufende Komponente von $\vec{D}$ leistet keinen Beitrag zum Skalarprodukt $\vec{D} \cdot d\vec{A}$. Ist die vertikal zur Hüllfläche verlaufende Komponente von $\vec{D}$ nach innen gerichtet, ist ihr Beitrag zum Skalarprodukt $\vec{D} \cdot d\vec{A}$ negativ.

Im Unterschied zur Fläche A_2 umschließt die Fläche A_1 keine der beiden Ladungen $+Q$ bzw. $-Q$. Der elektrische Fluss, der die Fläche A_1 verlässt, ist gleich dem zufließenden Fluss. Das Integral der elektrischen Flussdichte über die Fläche A_1 ist folglich gleich Null

$$\oiint_{A_1} \vec{D} \cdot d\vec{A} = 0$$

$$(2.22)$$

Abb. 2.14 Feldbild
(elektrische Feldlinien) eines
elektrischen Dipols (Schnitt
durch die Ebene $z = 0$)

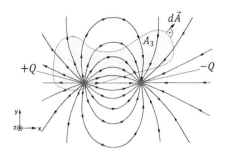

Die Fläche A_2 schließt die Ladung $+Q$ ein. Aus dieser Fläche tritt ein elektrischer Fluss aus, welcher der umschlossenen Ladung entspricht. Das Intergral der elektrischen Flussdichte über die Fläche A_2 hat somit den Wert Q.

$$\oiint_{A_2} \vec{D} \cdot d\vec{A} = Q \tag{2.23}$$

Ein Grundgesetz des elektrischen Feldes kann nach (2.23) wie folgt formuliert werden:

Im elektrostatischen Feld ist das Integral der elektrischen Flussdichte über eine beliebige Hüllfläche gleich der von der Hüllfläche eingeschlossenen Ladung.

In Abb. 2.14 ist in das Feldbild des elektrischen Dipols eine Fläche A_3 eingezeichnet, aus der wie im Fall der Fläche A_1 in Abb. 2.13 sowohl elektrische Feldlinien eintreten als auch austreten. Sie umschließt jedoch im Unterschied zur Hüllfläche A_1 die Ladung $+Q$. Die Differenz zwischen zufließendem und abfließendem elektrischem Fluss und somit auch der Wert des Integrals

$$Q = \oiint_{A_3} \vec{D} \cdot d\vec{A} \tag{2.24}$$

ist in diesem Fall gleich $+Q$.

2.2   Raumladungsdichte

Mit (2.22) und (2.23) wird das elektrische Feld quasi großräumig betrachtet. In einem Raum, in dem die Ladung nicht in einigen Punkten in Form von Punktladungen konzentriert sondern die in einer bestimmten Form im Raum V verteilt ist, muss eine kleinräumige Betrachtungsweise Platz greifen. Die Ladungsverteilung im Raum wird hierbei durch die Angabe der Raumladungsdichte ϱ im jeweiligen Raumpunkt charakterisiert, d. h. durch die auf das Elementarvolumen dV bezogene Ladung dQ (siehe Abb. 2.15)

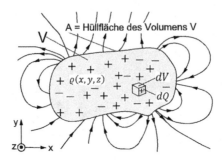

Abb. 2.15 Raumladungsdichte

$$\varrho = \frac{dQ}{dV} \tag{2.25}$$

Die gesamte Ladung Q des Volumens V ist nach (2.23) gleich dem Integral der Fluss-dichte $\vec{D}$ über die Hüllfläche dieses Volumens. Dem entsprechend ist die Raumladungs-dichte der Grenzwert des Integrals der elektrischen Flussdichte $\vec{D}$ über die Hüllfläche A des Volumens V, dividiert durch das Volumen V, wobei das Volumen gegen Null strebt:

$$\varrho = \lim_{V \to 0} \frac{1}{V} \cdot \oiint\limits_{A} \vec{D} \cdot d\vec{A} \tag{2.26}$$

Durch diese Gleichung wird das betrachtete Volumen auf das infinitesimale Elementar-volumen dV und die Fläche, über die zu integrieren ist, auf die Oberfläche des Elementarvolumens eingeschränkt. Gl. (2.26) bildet den Übergang von der großräumigen zur kleinräumigen Betrachtungsweise des elektrischen Feldes, auf die im Folgenden näher eingegangen wird.

Anhand von Abb. 2.16 wird zunächst das Integral in (2.26) über die Hüllfläche des Elementarvolumens dV berechnet, d. h. die Differenz des elektrischen Flusses, der aus der Hüllfläche des Elementarvolumens dV austritt und des Flusses, der in die Hüllfläche des Elementarvolumens eintritt.

Im Falle kartesischer Koordinaten ist das Elementarvolumen dV ein Würfel mit den Seitenlängen dx, dy und dz. Die Komponenten D_x, D_y und D_z der elektrischen Fluss-dichte $\vec{D}$ sind senkrecht zu den Seitenflächen des Elementarwürfels ausgerichtet. Die Komponente D_y auf der Fläche $(dx \cdot dz)$ kann über diese Fläche als konstant angenommen werden. Ebenso die Komponenten D_x und D_z auf den Flächen $(dy \cdot dz)$ und $(dx \cdot dy)$. In die Fläche $(dx \cdot dz)$ tritt der elektrische Fluss

$$D_y \cdot (dx \cdot dz)$$

ein. Auf der gegenüberliegenden Seite tritt ein Fluss aus, der um den Fluss

$$\frac{\partial (D_y \cdot dz \cdot dx)}{\partial y} \cdot dy = \frac{\partial D_y}{\partial y} \cdot dy \cdot dz \cdot dx$$

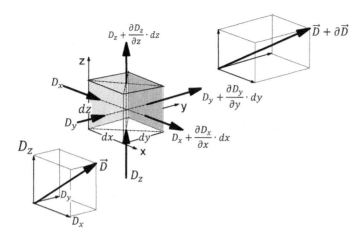

Abb. 2.16 Elementarvolumen dV für die Auswertung von (2.26) in kartesischen Koordinaten

gegenüber dem in die Fläche $(dz \cdot dx)$ eintretenden Fluss verändert ist. Entsprechendes gilt für die Flussänderungen in x- und in z-Richtung.

Flussänderung in x-Richtung:

$$\frac{\partial D_x}{\partial x} \cdot dx \cdot dy \cdot dz$$

und Flussänderung in z-Richtung:

$$\frac{\partial D_z}{\partial z} \cdot dz \cdot dy \cdot dx$$

Der Grenzwert in (2.26) ist gleich dem Fluss, der in das Elementarvolumen eintritt minus des Flusses, der aus den Flächen des Elementarwürfels austritt, dividiert durch das Elementarvolumen $(dV = V \to 0)$ d. h. der Flussänderung, dividiert durch das Elementarvolumen dV

$$dV = dx \cdot dy \cdot dz$$

Für die im Volumenelement dV vorhandene Raumladungsdichte gilt folglich:

$$\varrho = \lim_{V \to 0} \frac{1}{V} \cdot \oiint\limits_{A} \vec{D} \cdot d\vec{A} = \frac{\partial D_x}{\partial x} + \frac{\partial D_y}{\partial y} + \frac{\partial D_z}{\partial z} \tag{2.27}$$

Das Integral und damit auch die Summe in (2.27) wird als Divergenz[8] der elektrischen Flussdichte $\vec{D}$ bezeichnet und mit dem Formelzeichen div abgekürzt:

---

[8]lateinisch divergere = auseinander streben.

$$\text{div}\,\vec{D} = \lim_{V \to 0}\frac{1}{V}\cdot\oiint_A \vec{D}\cdot d\vec{A} = \frac{\partial D_x}{\partial x} + \frac{\partial D_y}{\partial y} + \frac{\partial D_z}{\partial z} = \varrho \tag{2.28}$$

bzw.

$$\text{div}\,\vec{D} = \varrho \tag{2.29}$$

Die Aussage dieser Gleichung lautet:

Der Vektoroperator div, angewandt auf das Vektorfeld der elektrischen Flussdichte $\vec{D}$, gibt die räumliche Änderung der Flussdichte im Elementarvolumen an und ist gleich der im betrachteten Raumpunkt herrschenden Ladungsdichte ϱ.

Anstelle der Bezeichnung div in (2.29) wird auch der Nabla-Operator verwendet. Er lautet in kartesischen Koordinaten (vgl. (1.7)), angewandt auf ein Vektorfeld:

$$\nabla = \frac{\partial}{\partial x}\cdot\vec{e}_x + \frac{\partial}{\partial y}\cdot\vec{e}_y + \frac{\partial}{\partial z}\cdot\vec{e}_z \tag{2.30}$$

Mit der Schreibweise von (2.30) nimmt (2.29) die folgende der Gl. (2.28) entsprechende Form an:

$$\text{div}\,\vec{D} = \nabla\cdot\vec{D} = \left(\frac{\partial}{\partial x}\cdot\vec{e}_x + \frac{\partial}{\partial y}\cdot\vec{e}_y + \frac{\partial}{\partial z}\cdot\vec{e}_z\right)\cdot\left(D_x\cdot\vec{e}_x + D_y\cdot\vec{e}_y + D_z\cdot\vec{e}_z\right) = \varrho \tag{2.31}$$

Die Ladung im Elementarvolumen dV beträgt ($\varrho\cdot dV$). Diese Ladung ist die Quelle des elektrischen Flusses, der aus dem Elementarvolumen fließt. Man bezeichnet

$$\text{div}\,\vec{D}$$

und damit auch die dort herrschende Ladungsdichte als Quelldichte des elektrischen Feldes. Wenn in einem Volumen keine Ladungsträger vorhanden sind, d. h. das Volumen frei von Quellen ist, von denen ein elektrischer Fluss ausgehen könnte, gilt in Abweichung von (2.29)

$$\text{div}\,\vec{D} = 0 \tag{2.32}$$

Aus der Definition der Raumladungsdichte ϱ in (2.25) erhält man mit (2.29) die Ladung Q, die sich in einem Raum V befindet, zu

$$Q = \iiint_V \varrho\cdot dV = \iiint_V \text{div}\,\vec{D}\cdot dV \tag{2.33}$$

Das dreifache Integralzeichen soll andeuten, das die Integration dreidimensionalen Raum zu erstrecken ist. Nach (2.23) gilt ebenfalls

$$\oiint_A \vec{D}\cdot d\vec{A} = Q \tag{2.34}$$

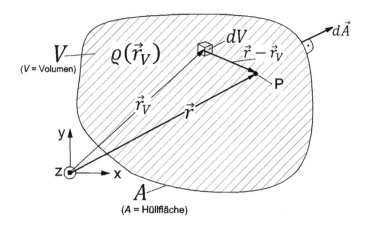

Abb. 2.17 Kontinuierlich im Volumen V verteilte Raumladung mit der Raumladungsdichte $\rho(\vec{r}_V)$

Hierbei ist A die geschlossene Hüllfläche des Volumens V. Aus beiden Gleichungen folgt der Integralsatz von Gauß[9]

$$\iiint\limits_{V} \operatorname{div} \vec{D} \cdot dV = \oiint\limits_{A} \vec{D} \cdot d\vec{A} \qquad (2.35)$$

Gl. (2.35) sagt aus:

Das Volumenintegral der Divergenz eines Vektorfeldes, gebildet über den Raum V, ist gleich dem Flächenintegral dieses Vektorfeldes ausgeführt über die Hüllfläche A dieses Raumes. Dabei ist zu beachten, dass der Normalvektor der Hüllfläche A nach außen orientiert ist.

Für das Potential einer im Volumen V kontinuierlichen verteilten Raumladung mit der Raumladungsdichte $\rho(\vec{r}_V)$ (siehe Abb. 2.17) gilt entsprechend (2.21)

$$\varphi(\vec{r}) = \frac{1}{4 \cdot \pi \cdot \varepsilon} \iiint\limits_{V} \varrho(\vec{r}_V) \cdot \frac{dV}{|\vec{r} - \vec{r}_V|} \qquad (2.36)$$

Das Potential $\varphi(\vec{r})$ in (2.36) bezeichnet man als elektrisches Skalarpotential.

[9]Gauß, Karl Friedrich, deutscher Mathematiker, Astronom, Geodät und Physiker, *1777, †1855.

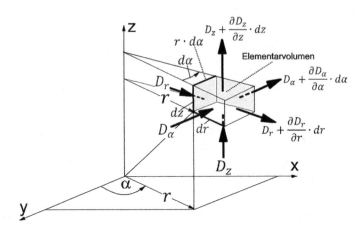

Abb. 2.18 Elementarvolumen in Zylinderkoordinaten

2.2.1 Divergenz div $\vec{D}$ in Zylinder- und Kugelkoordinaten

Für zylindersymmetrische und kugelsymmetrische Problemstellungen ist es zweckmäßig die Operation div in Zylinderkoordinaten bzw. Kugelkoordinaten anzuwenden. Im Folgenden wird deshalb die Operation div für diese Koordinatensysteme hergeleitet.

Abb. 2.18 zeigt das Elementarvolumen dV in Zylinderkoordinaten. Die elektrische Flussdichte $\vec{D}$ setzt sich in diesem Fall aus den Komponenten D_z, D_r und D_α zusammen. Das Elementarvolumen dV entsteht, wenn die Koordinaten r, α und z um dr, $d\alpha$ und dz fortschreiten. Es ist zulässig, das Elementarvolumen als Quader anzunehmen. Aus Abb. 2.18 ist ersichtlich, dass in diesem Fall das Elementarvolumen dV die Seitenlängen dr, dz und $(r \cdot d\alpha)$ besitzt. Sein Rauminhalt beträgt somit

$$dV = dr \cdot (r \cdot d\alpha) \cdot dz$$

Für die Seitenflächen dieses Elementarvolumens (sieheAbb. 2.18) gilt

Seitenfläche	Flächeninhalt
$\alpha = konst$	$dr \cdot dz$
$r = konst$	$(r \cdot d\alpha) \cdot dz$
$z = konst$	$(r \cdot d\alpha) \cdot dr$

Für die Flussänderung in z-Richtung gilt somit

$$\frac{\partial \left[D_z \cdot dr \cdot (r \cdot d\alpha) \right]}{\partial z} \cdot dz = \frac{\partial D_z}{\partial z} \cdot (dr \cdot r \cdot d\alpha \cdot dz)$$

Flussänderung in r-Richtung:

$$\frac{\partial[D_r \cdot dz \cdot (r \cdot d\alpha)]}{\partial r} \cdot dr = \frac{\partial(D_r \cdot r)}{\partial r} \cdot dr \cdot dz \cdot d\alpha = \frac{1}{r} \cdot \frac{\partial(D_r \cdot r)}{\partial r} \cdot (dr \cdot dz \cdot r \cdot d\alpha)$$

Flussänderung in α-Richtung:

$$\frac{\partial(D_\alpha \cdot dz \cdot dr)}{\partial(\alpha \cdot r)} \cdot (r \cdot d\alpha) = \frac{\partial D_\alpha}{\partial(r \cdot \alpha)} \cdot r \cdot d\alpha \cdot dz \cdot dr = \frac{1}{r} \frac{\partial D_\alpha}{\partial \alpha} \cdot (r \cdot d\alpha \cdot dz \cdot dr)$$

Der Grenzwert in (2.26) ist die Summe der Flussänderungen dividiert durch das Volumen $dV = [dr \cdot (r \cdot d\alpha) \cdot dz]$. Die Divergenz der Flussdichte $\vec{D}$ ist für den Fall von Zylinderkoordinaten somit nach folgender Formel zu berechnen:

$$\operatorname{div} \vec{D} = \lim_{V \to 0} \frac{1}{V} \cdot \oiint_A \vec{D} \cdot d\vec{A} = \frac{\partial D_z}{\partial z} + \frac{1}{r} \cdot \frac{\partial(D_r \cdot r)}{\partial r} + \frac{1}{r} \frac{\partial D_\alpha}{\partial \alpha} \qquad (2.37)$$

In Abb. 2.19 ist das Elementarvolumen in Kugelkoordinaten dargestellt. Die elektrische Flussdichte $\vec{D}$ besteht in diesem Fall aus den Komponenten D_r, D_ϑ und D_α. Das Elementarvolumen dV entsteht, wenn die Koordinaten r, α und ϑ um dr, $d\alpha$ und $d\vartheta$ fortschreiten. Das Elementarvolumen dV besitzt im Falle der Kugelkoordinaten die folgenden drei Seitenlängen (sieheAbb. 2.19).

$$dr, (r \cdot d\vartheta) \text{ und } (r \cdot \sin\vartheta \cdot d\alpha).$$

Sein Rauminhalt beträgt

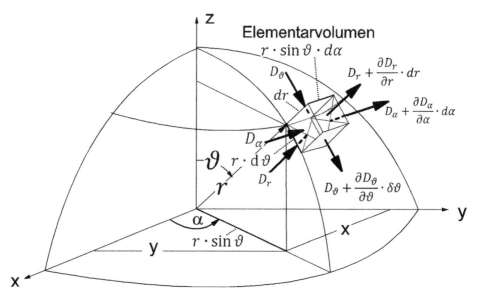

Abb. 2.19 Elementarvolumen in Kugelkoordinaten

$$dV = [dr \cdot (r \cdot d\vartheta) \cdot (r \cdot \sin\vartheta \cdot d\alpha)]$$

und die Seitenflächen des Elementarvolumens dV sind

$$[dr \cdot (r \cdot d\vartheta)], \quad [(r \cdot d\vartheta) \cdot (r \cdot \sin\vartheta \cdot d\alpha)] \quad \text{und} \quad [dr \cdot (r \cdot \sin\vartheta \cdot d\alpha)]$$

Somit beträgt die Flussänderung in r-Richtung

$$\frac{\partial[D_r \cdot (r \cdot d\vartheta) \cdot (r \cdot \sin\vartheta \cdot d\alpha)]}{\partial r} \cdot dr = \frac{1}{r^2} \cdot \frac{\partial(D_r \cdot r^2)}{\partial r} \cdot [dr \cdot (r \cdot d\vartheta) \cdot (r \cdot \sin\vartheta \cdot d\alpha)]$$

Flussänderung in ϑ-Richtung:

$$\frac{\partial[D_\vartheta \cdot (dr) \cdot (r \cdot \sin\vartheta d\alpha)]}{r \cdot \partial\vartheta} \cdot (r \cdot d\vartheta) = \frac{1}{r \cdot \sin\vartheta} \cdot \frac{\partial(D_\vartheta \cdot \sin\vartheta)}{\partial\vartheta} \cdot [(d\vartheta \cdot r) \cdot (dr) \cdot (r \cdot \sin\vartheta \cdot d\alpha)]$$

Flussänderung in α-Richtung:

$$\frac{\partial[D_\alpha \cdot dr \cdot (r \cdot d\vartheta)]}{\partial\alpha \cdot (r \cdot \sin\vartheta)} \cdot (r \cdot \sin\vartheta \cdot d\alpha) = \frac{1}{r \cdot \sin\vartheta} \frac{\partial D_\alpha}{\partial\alpha} \cdot [(d\vartheta \cdot r) \cdot dr \cdot (r \cdot \sin\vartheta \cdot d\alpha)]$$

Der Grenzwert in (2.26) ist die Summe der Flussänderungen dividiert durch das Volumen dV. Die Operation Divergenz lautet im sphärischen Koordinatensystem folglich

$$\text{div}\,\vec{D} = \lim_{V \to 0} \frac{1}{V} \cdot \oiint_A \vec{D} \cdot d\vec{A} = \frac{1}{r^2} \cdot \frac{\partial(r^2 \cdot D_r)}{\partial r} + \frac{1}{r \cdot \sin\vartheta} \cdot \frac{\partial(D_\vartheta \cdot \sin\vartheta)}{\partial\vartheta} + \frac{1}{r \cdot \sin\vartheta} \frac{\partial D_\alpha}{\partial\alpha}$$

$$(2.38)$$

2.3   Potentialgleichung des elektrischen Skalarpotentials

Nach (2.32) gilt für den raumladungsfreien Raum (Raumladungsdichte $\varrho = 0$):

$$div\,\vec{D} = div\left(\varepsilon \cdot \vec{E}\right) = 0$$

Und somit:

$$\text{div}\,\vec{E} = 0 \tag{2.39}$$

Nach (1.5) gilt:

$$\vec{E} = -\text{grad}\,\varphi \tag{2.40}$$

Aus beiden Gleichungen folgt:

$$\text{div}\,\vec{E} = \text{div}\,(\text{grad}\,\varphi) = 0 \tag{2.41}$$

bzw.

$$\text{div}(\text{grad}\,\varphi) = \nabla \cdot \nabla\varphi = \nabla^2\varphi = 0 \tag{2.42}$$

Gl. (2.42) wird als Laplace-Gleichung[10] bezeichnet. Sie ist die Potentialgleichung des elektrischen Skalarpotentials für den raumladungsfreien Raum. In dieser Gleichung ist anstelle der Bezeichnung div grad das Zeichen ∇^2 eingeführt[11].

Da der Gradient eines Skalarfeldes eine Vektorfunktion ist und die Divergenz einer Vektorfunktion eine skalare Ortsfunktion zum Ergebnis hat, ist das Ergebnis der Vektoroperation div grad$\varphi = \nabla^2\varphi$ ein Skalar.

$\nabla^2\varphi$ in kartesischen Koordinaten:

Mit (1.7) und (2.30) erhält man

$$\text{div grad } \varphi = \nabla^2\varphi = \left(\frac{\partial}{\partial x}\cdot\vec{e}_x + \frac{\partial}{\partial y}\cdot\vec{e}_y + \frac{\partial}{\partial z}\cdot\vec{e}_z\right)\cdot\left(\frac{\partial\varphi}{\partial x}\cdot\vec{e}_x + \frac{\partial\varphi}{\partial y}\cdot\vec{e}_y + \frac{\partial\varphi}{\partial z}\cdot\vec{e}_z\right)$$

Somit gilt

$$\text{div grad } \varphi = \nabla^2\varphi = \frac{d^2\varphi}{\partial x^2} + \frac{d^2\varphi}{\partial y^2} + \frac{d^2\varphi}{\partial z^2} \tag{2.43}$$

$\nabla^2\varphi$ in Zylinderkoordinaten:

Mit (1.8) in Verbindung mit (2.37) erhält man

$$\text{div grad } \varphi = \nabla^2\varphi = \text{div}\left(\frac{\partial\varphi}{\partial r} + \frac{1}{r}\cdot\frac{\partial\varphi}{\partial\alpha} + \frac{\partial\varphi}{\partial z}\right)$$

$$\text{div grad } \varphi = \frac{1}{r}\cdot\frac{\partial}{\partial r}\left(r\cdot\frac{\partial\varphi}{\partial r}\right) + \frac{1}{r}\frac{\partial}{\partial\alpha}\left(\frac{1}{r}\cdot\frac{\partial\varphi}{\partial\alpha}\right) + \frac{\partial}{\partial z}\left(\frac{\partial\varphi}{\partial z}\right)$$

Mit der Produktregel gilt weiter

$$\text{div grad } \varphi = \nabla^2\varphi = \frac{d^2\varphi}{\partial r^2} + \frac{1}{r}\cdot\frac{\partial\varphi}{\partial r} + \frac{1}{r^2}\frac{\partial^2\varphi}{\partial\alpha^2} + \frac{\partial^2\varphi}{\partial z^2} \tag{2.44}$$

$\nabla^2\varphi$ in Kugelkoordinaten:

Mit (1.9) erhält man

$$\text{div grad } \varphi = \text{div}\left(\frac{\partial\varphi}{\partial r} + \frac{1}{r}\cdot\frac{\partial\varphi}{\partial\vartheta} + \frac{1}{r\cdot\sin\vartheta}\cdot\frac{\partial\varphi}{\partial\alpha}\right)$$

---

[10]Laplace, Pierre-Simon, französischer Mathematiker, Physiker und Astronom, * 1749, †1827.

[11]Für die Vektoroperation divgrad $= \nabla^2$ wird auch das Formelzeichen Δ verwendet. Es wird als als Delta- oder Laplace-Operator bezeichnet.

Entsprechend (2.38) geht diese Beziehung über in

$$\text{div grad } \varphi = \frac{1}{r^2} \cdot \frac{\partial}{\partial r}\left(r^2 \cdot \frac{\partial \varphi}{\partial r}\right) + \frac{1}{r \cdot \sin \vartheta} \cdot \frac{\partial}{\partial \vartheta}\left(\frac{1}{r} \cdot \frac{\partial \varphi}{\partial \vartheta} \cdot \sin \vartheta\right)$$

$$+ \frac{1}{r \cdot \sin \vartheta} \cdot \frac{\partial}{\partial \alpha}\left(\frac{1}{r \cdot \sin \vartheta} \cdot \frac{\partial \varphi}{\partial \alpha}\right)$$

Damit gilt

$$\text{div grad } \varphi = \nabla^2 \varphi =$$

$$= \frac{1}{r^2} \cdot \frac{\partial}{\partial r}\left(r^2 \cdot \frac{\partial \varphi}{\partial r}\right) + \frac{1}{r^2 \cdot \sin \vartheta} \cdot \frac{\partial}{\partial \vartheta}\left(\sin \vartheta \cdot \frac{\partial \varphi}{\partial \vartheta}\right) + \frac{1}{r^2 \cdot (\sin \vartheta)^2} \cdot \frac{\partial^2 \varphi}{\partial \alpha^2} \quad (2.45)$$

Für den mit Raumladung behafteten Raum gilt nach (2.29)

$$\text{div } \vec{D} = \text{div}\left(\varepsilon \cdot \vec{E}\right) = \varrho \quad (2.46)$$

Nach (1.5) lautet der Zusammenhang zwischen Potential und elektrischer Feldstärke

$$\vec{E} = -\text{grad } \varphi$$

Hiermit folgt aus Gl. (2.46)

$$\text{div } \vec{E} = -\text{div}(\text{grad } \varphi) = \frac{\varrho}{\varepsilon} \quad (2.47)$$

bzw.

$$\nabla^2 \varphi = -\frac{\varrho}{\varepsilon} \quad (2.48)$$

Gl. (2.48) ist die Potentialgleichung für den mit Raumladung behafteten Raum. Sie wird als Poisson-Gleichung[12] bezeichnet. Gl. (2.36) ist die Lösung dieser Gleichung.

Potentiale sind aus den Feldstärkefunktionen abgeleitete Funktionen. Im vorliegenden Fall ist die elektrische Feldstärke die ursprüngliche Feldgröße des elektrischen Skalarpotentials. Potentiale sind über die räumliche Differentiation mit den Feldstärkefunktionen verknüpft (siehe auch (1.5) bzw. (2.40)). Durch Integration der Potentialfunktion erhält man die Feldstärkefunktion. Im vorliegen Band sind die Potentialfunktionen Stationen auf dem Weg zu den Maxwellschen Gleichungen.

---

[12]Poisson, Siméon Denis, französischer Physiker und Mathematiker, *1781, †1840.

2.4   Energiedichte des elektrischen Feldes

Auf den Elektroden eines Kondensators der Kapazität C, an dem eine Spannung U anliegt, ist nach (2.14) eine Ladung

$$Q = C \cdot U$$

gespeichert. Beim Aufladevorgang, der eine gewisse Zeit in Anspruch nimmt, fließt eine Ladung aus der Stromquelle auf die Elektroden des Kondensators. Dabei wird eine bestimmte Energie aus der Stromquelle auf den Kondensator übertragen. Zu einem beliebigen Zeitpunkt t befindet sich auf den Elektroden die augenblickliche Ladung q. Für diese augenblickliche Ladung gilt

$$q = C \cdot u \tag{2.49}$$

Die Ladung auf Elektroden des Kondensators kommt durch einen Stromfluss i aus der Stromquelle zustande. In der Zeiteinheit dt, erhöht sich durch den Stromfluss i die Ladung auf den Kondensator um dq

$$dq = i \cdot dt \tag{2.50}$$

Nach (2.49) steigt hierdurch die Spannung am Kondensator um du. Es gilt:

$$dq = C \cdot du \tag{2.51}$$

Aus beiden Gleichungen folgt:

$$i \cdot dt = C \cdot du \tag{2.52}$$

Die augenblickliche Leistung, die während des Aufladevorgangs aufgenommen wird, ist gleich der augenblicklichen Stromstärke i multipliziert mit der augenblicklichen Spannung u. Folglich gilt für die im Zeitabschnitt dt aufgenommene Energie dW

$$dW = u \cdot i \cdot dt = u \cdot C \cdot du \tag{2.53}$$

U ist die Spannung am Ende des Aufladevorgangs. War der Kondensator zu Beginn ohne Spannung, so hat er im Laufe des Aufladevorgangs die folgende Energie W aufgenommen

$$W = C \cdot \int_{0}^{U} u \cdot du = \frac{1}{2} \cdot C \cdot U^2 \tag{2.54}$$

Die Energie, die der Kondensator aufgenommen hat, ist im elektrischen Feld des Kondensators gespeichert. Um die Energiedichte des elektrischen Feldes zu bestimmen, wird ein kleines Volumenelement des elektrischen Feldes in Form eines Elementarkondensators betrachtet, in dem die Feldstärke als konstant angesehen werden kann (siehe Abb. 2.20). Die Stirnflächen des Elementarkondensators kann man sich mit dünnen Metallfolien belegt vorstellen. Die Kapazität C_{el} des Elementarkondensators beträgt entsprechend (2.13)

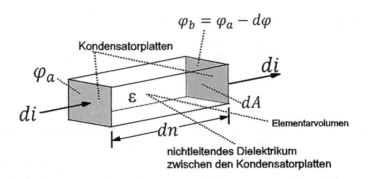

Abb. 2.20 Elementarkondensator

$$C_{el} = \varepsilon \cdot \frac{dA}{dn} \tag{2.55}$$

Zwischen den beiden Elektroden des Elementarkondensators besteht der Potentialunterschied

$$\varphi_a - \varphi_b = d\varphi$$

Danach ist $d\varphi$ die am Elementarkondensator anliegende Spannung. Für die elektrische Feldstärke zwischen den Elektroden des Elementarkondensators gilt entsprechend (2.2)

$$E = \frac{\varphi_a - \varphi_b}{dn} = \frac{d\varphi}{dn}$$

Somit gilt auch

$$d\varphi = E \cdot dn$$

Damit kann die im Elementarkondensator mit der Kapazität C_{el} gespeicherte Energie dW nach (2.54) angegeben werden:

$$dW = \frac{1}{2} \cdot C_{el} \cdot (d\varphi)^2 = \frac{1}{2} \cdot \varepsilon \cdot \frac{dA}{dn} \cdot (d\varphi)^2 = \frac{1}{2} \cdot \varepsilon \cdot \frac{dA}{dn} \cdot E^2 \cdot \left(dn^2\right)$$

$$dW = \frac{1}{2} \cdot \varepsilon \cdot E^2 \cdot dA \cdot dn \tag{2.56}$$

In (2.56) ist

$$dA \cdot dn = dV$$

das Volumen des Elementarkondensators. Für die im Volumenelement dV gespeicherte Energie folgt

$$dW = \frac{1}{2} \cdot \varepsilon \cdot E^2 \cdot dV \qquad (2.57)$$

Für die im elektrischen Feld gespeicherte Energiedichte w_{el} gilt somit

$$w_{el} = \frac{dW}{dV} = \frac{1}{2} \cdot \varepsilon \cdot E^2 = \frac{1}{2} \cdot D \cdot E \qquad (2.58)$$

Das stationäre Magnetfeld

3

Ein magnetisches Feld entsteht, wenn elektrischer Strom fließt, d. h. wenn sich elektrische Ladungen bewegen. Ein Gleichstrom, d. h. ein Strom, dessen Stärke sich zeitlich nicht ändert, erzeugt ein stationäres magnetisches Feld. Es ist zeitlich konstant. Im einfachsten Fall ist der stromführende Leiter ein gerader Kupferdraht. Mit Eisenfeilspänen kann das magnetische Feld sichtbar gemacht werden. In Abb. 3.1 ist die Versuchsanordnung hierfür angegeben. Ein Kupferleiter, der an eine Gleichspanungsquelle angeschlossen ist, wird durch eine Glasplatte geführt, die mit Eisenfeilspänen bestreut ist.

Wird der Schalter S geschlossen, fließt ein Strom und die Eisenfeilspäne richten sich ähnlich wie kleine Kompassnadeln in Richtung der magnetischen Feldlinien aus (siehe Abb. 3.2). Die Ursache des magnetischen Feldes ist der Strom durch den Leiter bzw. die sich im Leiter bewegenden Ladungen. Die Feldlinien veranschaulichen die vom magnetischen Feld auf die Eisenfeilspäne ausgeübte Kraft. Die Tangente an die Feldlinie gibt die Richtung der Kraft an, die auf einen Eisenspan wirkt. Im vorliegenden Beispiel sind die magnetischen Feldlinien konzentrische Kreise um den stromführenden Leiter. Die Richtung des magnetischen Feldes und die Richtung des Stromes bilden eine Rechtsschraube[1]. Im Gegensatz zu den elektrischen Feldlinien, die von positiven

---

[1]

Richtung der
magnetischen Feldlinien

Stromrichtung

J. Donnevert, *Die Maxwell'schen Gleichungen,*
https://doi.org/10.1007/978-3-658-31967-0_3

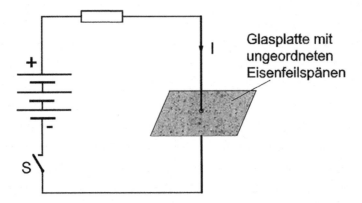

Abb. 3.1 Versuchsanordnung mit Eisenfeilspänen

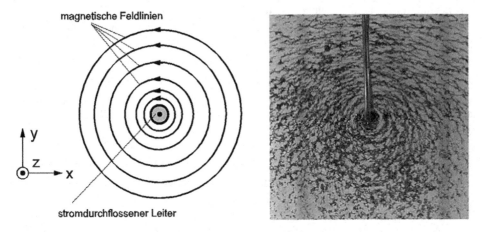

Abb. 3.2 Magnetische Feldlinien eines stromdurchflossenen, geraden Leiters. (rechts: Bild mit Eisenfeilspänen, Quelle: Joachim Herz Stiftung)

Ladungsträgern ausgehen und in negativen Ladungsträgern enden, existieren im magnetischen Feld keine Quellen und Senken der magnetischen Feldlinien.

Die magnetische Feldstärke lässt sich aus der Dichte der Feldlinien ablesen. Wie im Falle des elektrischen Feldes wird die Dichte der Feldlinien durch eine Flussdichte, im vorliegenden Fall durch die die magnetische Flussdichte[2] charakterisiert, für die der Vektor $\vec{B}$ verwendet wird. Der Wert der magnetischen Flussdichte ist der Stärke des Stromes proportional, der das magnetische Feld hervorruft. Die Einheit der magnetischen

---

[2]Die magnetische Flussdichte wird auch als magnetische Induktion bezeichnet.

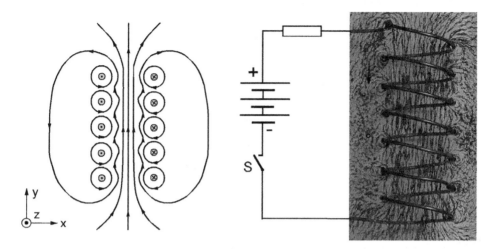

Abb. 3.3 Magnetische Feldlinien einer stromdurchflossenen Spule und zugehöriges Bild mit Eisenfeilspänen. (Quelle: Joachim Herz Stiftung)

Flussdichte und das Verfahren zur messtechnischen Bestimmung des Wertes von $\vec{B}$ werden im Folgenden hergeleitet.

In Abb. 3.3 ist eine von Strom durchflossene Spule mit ihren magnetischen Feldlinien dargestellt. Wie im Falle des von Strom durchflossenen, geraden Leiters bilden die magnetischen Feldlinien auch in diesem Fall in sich geschlossene Linien. Die in sich geschlossen magnetischen Feldlinien sind außerhalb der Spule nur zum Teil dargestellt. Im Innern der Spule verlaufen die Feldlinien nahezu parallel. Das Magnetfeld ist dort infolgedessen nahezu homogen.

3.1   Kraftwirkung im stationären magnetischen Feld

Durch die Versuche mit Eisenfeilspänen wurde gezeigt, dass ein von Strom durchflossener Leiter ein Magnetfeld erzeugt und in diesem Magnetfeld Kraft auf Eisenfeilspäne ausgeübt wird. Andererseits wird auch auf einen von Strom durchflossenen Leiter, der sich in einem Magnetfeld befindet, Kraft ausgeübt. Zum Nachweis und zur messtechnischen Erfassung dieser Kraftwirkung kann eine Anordnung nach Abb. 3.4 verwendet werden. Das Magnetfeld wird in der Versuchsanordnung durch eine Erregerspule erzeugt. Die Wicklung dieser Spule ist auf zwei röhrenförmigen Spulenkörpern aufgebracht. Die Windungen der Wicklungen liegen, anders als in der Abbildung angedeutet, eng beieinander und die Wicklungen der beiden Teile der Erregerspule sind miteinander verbunden. Das magnetische Feld im Innern der Erregerspule ist als homogen anzunehmen. Um eine Leiterschleife mit einem Messstab in das Magnetfeld im Spuleninnern einführen zu können, sind die beiden Teile der Erregerspule durch einen

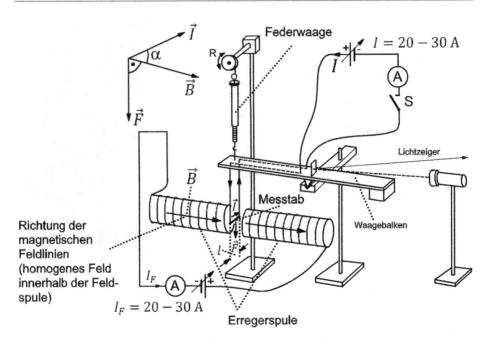

Abb. 3.4 Stromwaage. (Quelle: Joachim Herz Stiftung)

engen Luftspalt getrennt. In der Abb. musste der Luftspalt größer gezeichnet werden, um die Anordnung des Messstabes darstellen zu können. Der Messstab ist horizontal und zunächst im rechten Winkel zur Spulenachse ausgerichtet.

Die Kraft, die auf den Messstab wirkt, wird durch eine Federwaage gemessen. Bei der Messung darf sich die Lage des Messstabs im Magnetfeld nicht verändern. Hierzu ist der Messstab an einem Waagebalken befestigt. Bei geöffnetem Schalter S wird die Waage ins Gleichgewicht gebracht, wobei die Federwaage nur gering belastet wird. Der Waagebalken soll das gesamte Gewicht des Messstabes, einschließlich seiner Aufhängung tragen. Mit einem Lichtzeiger wird die Lage des Waagebalkens auf einer Projektionsfläche angezeigt.

Wird der Schalter S geschlossen, fließt ein Strom über die im Waagebalken integrierten Leiter und die Aufhängung durch den Messstab. Es wirkt infolgedessen eine Kraft auf den Messstab, die bei der eingezeichneten Stromrichtung des Stromes $\vec{I}$ nach unten wirkt. Durch Drehen des Rades R wird der Waagebalken wieder in seine ursprüngliche Lage gebracht. Danach kann an der Skala der Federwaage die Kraft, die auf den Messstab wirkt, abgelesen werden. Die Größe der Kraft liegt in der vorliegenden Versuchsanordnung im mN-Bereich. In den folgenden Messungen wird sowohl der Erregerstrom I_F der Erregerspule als auch der Strom I durch den Messstab variiert. Anschließend wird der Drehwinkel α des Messstabes, ohne die ihn aus der horizontalen Lage zu bringen, variiert.

Die Stärke des Erregerstromes I_F in der Wicklung der Erregerspule bestimmt die Intensität des Magnetfeldes. Der Vektor $\vec{B}$ in Abb. 3.4 gibt die Richtung der magnetischen Feldlinien innerhalb der Erregerspule an und durch seinen Betrag die Intensität (Stärke) des Magnetfeldes.

Ergebnisse der Messung mit der Stromwaage:

1. Der Betrag $\left|\vec{F}\right|$ der Kraft, die auf den Messstab wirkt, ist der Stromstärke $\left|\vec{I}\right|$ durch den Messstab proportional. Kehrt man die Stromrichtung im Messstab um, kehrt sich auch die Richtung der Kraft um.
2. Der Betrag $\left|\vec{F}\right|$ der Kraft ist proportional zur Stromstärke I_F des Stromes in der Erregerspule und damit zur Dichte der Feldlinien $\left|\vec{B}\right|$ bzw. der Intensität des Magnetfeldes im Innern der Erregerspule.
3. Der Betrag $\left|\vec{F}\right|$ der Kraft hängt von der Richtung des Messstabes gegenüber der Richtung der Feldlinien ab. Die größte Kraft wird ausgeübt, wenn der Stab, wie Abb. 3.4 dargestellt, senkrecht zu den magnetischen Feldlinien steht, d. h. wenn $z\alpha = 90°$.
4. Der Kraftvektor $\vec{F}$ steht senkrecht auf der Ebene, die aus dem Stromvektor $\vec{I}$ des Stromes durch den Messstab und dem Vektor $\vec{B}$ gebildet wird.
   Der Strom $\vec{I}$, der Vektor $\vec{B}$ und die Kraft $\vec{F}$ bilden in dieser Reihenfolge ein Rechtssystem (siehe Abb. 3.5).
   Die Drei-Finger-Regel der rechten Hand kann als Gedächtnisstütze dienen.
5. Der Betrag $\left|\vec{F}\right|$ der Kraft ist proportional der Länge l des Messstabes im Magnetfeld.

Aus diesen Ergebnissen kann die folgende Beziehung für den Fall abgeleitet werden, dass das magnetische Feld im Bereich des stromdurchflossenen Leiters homogen ist:

$$\left|\vec{F}\right| = F = \left|\vec{I}\right| \cdot \left|\vec{B}\right| \cdot l \cdot \sin\alpha = B \cdot I \cdot l \cdot \sin\alpha \qquad (3.1)$$

In (3.1) ist die magnetische Flussdichte $\left|\vec{B}\right|$ ein Proportionalitätsfaktor. Die größte Kraft $F = F_{max}$ wird ausgeübt, wenn der Stab senkrecht zu den magnetischen Feldlinien steht, d. h. wenn $\alpha = 90°$ ist. Dann gilt:

$$\left|\vec{B}\right| = B = \frac{F_{max}}{I \cdot l} \qquad (3.2)$$

Abb. 3.5 Drei-Finger-Regel der rechten Hand

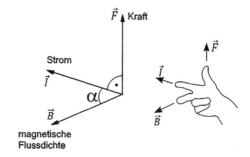

Mit (3.1) und (3.2) ist die magnetische Flussdichte $B = \left|\vec{B}\right|$ wie folgt definiert:

→ Fließt durch einen Messstab von 1 m Länge, der sich im Bereich eines homogenen Magnetfeldes befindet und der senkrecht zu der Richtung des Magnetfeldes ausgerichtet ist, ein Strom von 1 A und wird durch das Magnetfeld auf ihn eine Kraft von 1 N ausgeübt, dann beträgt die magnetische Flussdichte 1 T (1 T)[3]

$$B = 1\frac{N}{A \cdot m} = 1\ T \tag{3.3}$$

Für die Einheit der magnetischen Flussdichte gilt somit:

$$\text{Einheit}(B) = \frac{N}{A \cdot m} = \frac{s}{A \cdot m^2} \cdot N \cdot \frac{m}{s} = \frac{s \cdot W}{A \cdot m^2} = \frac{s \cdot A \cdot V}{A \cdot m^2} = \frac{V \cdot s}{m^2} = 1\ T \tag{3.4}$$

Die magnetische Flussdichte $\vec{B}$ ist ein Vektor, der in Richtung der magnetischen Feldlinien zeigt. Da der Betrag $\left|\vec{B}\right|$ die Dichte der Feldlinien angibt, erhält man die Gesamtzahl der magnetischen Feldlinien, die durch eine Fläche A hindurchgeht, aus dem Integral des Vektors $\vec{B}$ über diese Fläche. Die Gesamtzahl der magnetischen Feldlinien, die durch eine Fläche hindurchtreten, ist der magnetische Fluss Φ. Mit $d\vec{A}$, dem Vektor des Flächenelementes dA, der senkrecht auf dem Flächenelement steht, erhält man den magnetischen Fluss Φ zu:

$$\Phi = \iint\limits_A \vec{B} \cdot d\vec{A} \tag{3.5}$$

Einheit des magnetischen Flusses[4]:

$$\text{Einheit}(\Phi) = \frac{V \cdot s}{m^2} \cdot m^2 = V \cdot s = 1\ Wb = 1\ Weber \tag{3.6}$$

Da die magnetischen Feldlinien in sich geschlossen sind, treten aus einer in sich geschlossenen Hüllfläche genauso viele Feldlinien heraus wie Feldlinien in die geschlossene Hüllfläche eintreten. Aus diesem Grund ist das Integral des magnetischen Flusses über eine geschlossene Hüllfläche A gleich Null:

$$\oiint\limits_A d\vec{B} = 0 \tag{3.7}$$

Aussage von Gl. (3.7): Die magnetischen Feldlinien gehen nicht von einer Quelle aus. Im magnetischen Feld existieren folglich keine Quellen. In einer Formel ausgedrückt heißt dies (vgl. 2.32):

---

[3]T = Tesla, Nicola, kroatisch-amerikanischer Elektrotechniker und Physiker, *1856, †1943.
[4]Weber, Wilhelm Eduard, deutscher Physiker, *1804, †1891.

$$\text{div } \vec{B} = 0 \tag{3.8}$$

Die Kraftwirkung des magnetischen Feldes auf einen stromdurchflossenen Leiter wird als Lorentz-Kraft[5] bezeichnet. Die Lorentz-Kraft ist die Kraft, die auf Ladungen wirkt, die sich in Bewegung befinden. Beim Stromfluss in einem Leiter wirkt die Lorentz-Kraft auf die sich im Leiter bewegenden, freien Elektronen.

Ein Stromfluss der Stärke I ist gleich der Ladung Q, die sich in der Zeit t bewegt (siehe 1.28):

$$I = \frac{Q}{t} \tag{3.9}$$

Bewegen sich Elektronen mit der Gesamtladung Q mit der Geschwindigkeit v in einem Leiter der Länge l, gilt:

$$Q = \frac{I \cdot l}{v} \tag{3.10}$$

d. h.:

$$Q \cdot v = I \cdot l \tag{3.11}$$

Setzt man (3.11) in (3.1) ein, so erhält man:

$$\left| \vec{F} \right| = F = Q \cdot (v \cdot B \cdot \sin \alpha) \tag{3.12}$$

Gl. (3.1) wurde für das homogene, magnetische Feld im Innern einer Erregerspule nach Abb. 3.4 hergeleitet, so dass (3.12) nur im magnetischen Feld gültig ist, in dem der Wert der Flussdichte an allen Orten der gleiche ist.

Gl. (3.12) kann in vektorieller Form geschrieben werden. Die magnetische Flussdichte und die Geschwindigkeit sind Vektoren, wobei der Geschwindigkeitsvektor in Stromrichtung zeigt. Der Kraftvektor $\vec{F}$ steht dabei senkrecht auf der Ebene, die von dem Geschwindigkeitsvektor $\vec{v}$ und dem Vektor der magnetischen Flussdichte $\vec{B}$ aufgespannt wird. Im allgemeinen Fall schließen der Flussvektor $\vec{B}$ und der Geschwindigkeitsvektor $\vec{v}$ einen Winkel α ein. Dieser Sachverhalt wird mathematisch durch das Vektorprodukt der beiden Vektoren $\vec{v}$ und $\vec{B}$ formuliert:

$$\vec{F} = Q \cdot \left(\vec{v} \times \vec{B} \right) \tag{3.13}$$

In dieser Gleichung bilden die Vektoren $\vec{v}$, $\vec{B}$ und $\vec{F}$ bzw. $\vec{F}/Q$ ein Rechtssystem (siehe Abb. 3.6).

---

[5]Hendrik Antoon Lorentz, niederländischer Mathematiker und Physiker,*1853, †1928.

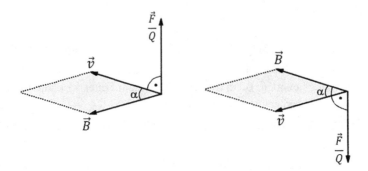

Abb. 3.6 Vektorprodukt

Nach (3.13) ist die Länge des Vektors $\vec{F}/Q$ gleich dem Flächeninhalt des Parallelogramms, das von den beiden Vektoren $\vec{v}$ und $\vec{B}$ gebildet wird. An dieser Stelle sei darauf hingewiesen, dass bei der Bildung des Vektorproduktes die Reihenfolge der beiden Vektoren $\vec{v}$ und $\vec{B}$ im Vektorprodukt zu beachten ist.

3.1.1   Bewegter Leiter im stationären Magnetfeld

Im vorangehenden Abschnitt wurde postuliert, dass die Kraftwirkung auf einen Leiter, der von einem Strom I durchflossen wird, von der Kraft herrührt, die das magnetische Feld auf sich bewegende Ladungen ausübt. Sich bewegende Ladungen treten nicht nur bei einem Stromfluss auf, sie können auch erzeugt werden, wenn der Leiter, in dem sich freie Elektronen der Metallionen befinden, durch eine äußere Kraft bewegt wird. Wenn es zutrifft, dass auf Ladungsträger in einem sich bewegenden Leiter eine Kraft ausgeübt wird, werden die freien Elektronen in dem bewegten Leiter durch die Kraftwirkung des magnetischen Feldes verschoben und somit eine Spannung im Leiter aufgebaut.

In Abb. 3.7 ist eine prinzipielle Versuchsanordnung angegeben, mit der dieser Sachverhalt nachgewiesen werden kann. In der dargestellten Anordnung liegt ein Leiter der Länge $\left|\vec{L}\right| = L$ auf zwei Kupferschienen. Er bewegt sich mit der Geschwindigkeit $\vec{v}$ in der angegebenen Richtung. Der Vektor $\vec{B}$ der magnetischen Flussdichte ist senkrecht zur Bewegungsrichtung des Leiters in die Zeichenebene hinein orientiert[6]. Auf positive Ladungsträger wirkt durch die Bewegung des Stabes die Kraft (entsprechend (3.13))

$$\vec{F}_m = Q \cdot \left(\vec{v} \times \vec{B} \right)$$

Dadurch entsteht an dem einen Ende des Stabes ein Überschuss an positiver Ladung (+ Pol) und am anderen Ende ein Überschuss an negativer Ladung (-Pol). Zwischen den

---

[6]In Abb. 3.7 markiert das Kreuz das Ende des Vektors bzw. Pfeils $\vec{B}$, der in die Zeichenebene zeigt.

Abb. 3.7 Induktionswirkung in einem Stab, der in einem statischen, homogenen Magnetfeld bewegt wird (Die Richtung des Vektors $\vec{l}$ (l Länge des bewegten Stabes) hat die gleiche Richtung wie die Kraft $\vec{F}$, die auf die positiven Ladungsträger im Stab wirkt.)

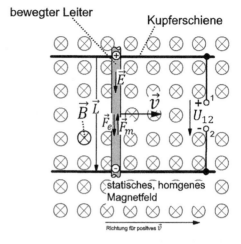

Abb. 3.8 Versuchsanordnung zum Nachweis der Induktionsspannung und magnetisches Feld eines Hufeisenmagneten

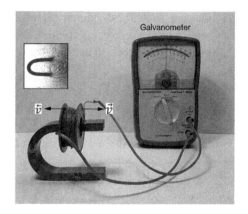

Enden des Stabes wird eine elektrische Feldstärke $\vec{E}$ aufgebaut und an den Klemmen 1 und 2 kann somit eine Spannung U_{12} gemessen werden. Sie wird als Induktionsspannung bezeichnet, der gesamte Vorgang trägt die Bezeichnung Bewegungsinduktion.

Ein magnetisches Feld kann z. B. durch einen Permanentmagneten[7] in Hufeisenform erzeugt werden. Mit einer Anordnung, wie sie Abb. 3.8 zeigt, ist die Induktionsspannung mit einem handelsüblichen Galvanometer nachweisbar. Um eine messbare Spannung

---

[7]Zur Herstellung von Permanentmagneten wird kristallines Pulver unter Einwirkung eines starken Magnetfelds in Form gepresst. Dabei richten sich die Kristalle mit ihrer bevorzugten Magnetisierungsachse in Richtung des Magnetfelds aus. Die Presslinge werden anschließend bei einer Temperatur von mehr als 1000° C gesintert, wobei das Magnetfeld verloren geht. Nach dem Abkühlen der Magnete wird das Magnetfeld durch einen ausreichend starken Magnetisierungsimpuls wiederhergestellt. Die in Abb. 3.8 durch Eisenfeilspäne sichtbar gemachten, magnetischen Feldlinien schließen sich innerhalb des Magnetmaterials.

zu erzeugen, muss anstelle des einzelnen Stabes eine Spule mit vielen Windungen im Magnetfeld bewegt werden. Hierdurch befinden sich viele Leitungsabschnitte im Bereich des magnetischen Feldes und die Potentialgefälle aller dieser Leitungsabschnitte addieren sich. Durch eine derartige, einfache Versuchsanordnung können je nach Geschwindigkeit der Bewegung und der Anzahl der Windungen Spannungswerte im Bereich von 10 bis 20 mV erreicht werden.

Nach (1.33) besteht zwischen der Spannung zwischen den Stabenden in Abb. 3.7 und der elektrischen Feldstärke der folgende Zusammenhang

$$U_{12} = \int\limits_1^2 \vec{E} \cdot d\vec{l} \tag{3.14}$$

In dieser Gleichung ist $d\vec{l}$ das Längenelement der gerichteten Länge $\vec{L}$ des Leiterstabes. Die elektrische Feldstärke wirkt der Kraft entgegen, die durch die Bewegung des Leiters im Magnetfeld auf die Ladungsträger ausgeübt wird. Im offenen Stromkreis besteht ein Gleichgewicht der Kräfte. Die Kraft F_m, die durch die Bewegung im magnetischen Feld und die Kraft F_e, die durch das elektrische Feld auf die Ladungsträger ausgeübt wird sind einander entgegengerichtet und betragsmäßig gleich (siehe Abb. 3.7). Aus (3.13) und (1.31) ergibt sich der folgende Zusammenhang

$$\begin{aligned} \vec{F}_m &= Q \cdot \left(\vec{v} \times \vec{B}\right) \\ \vec{F}_e &= Q \cdot \vec{E} \\ \vec{F}_m &= -\vec{F}_e \\ Q \cdot \left(\vec{v} \times \vec{B}\right) &= -Q \cdot \vec{E} \end{aligned} \tag{3.15}$$

d. h.

$$\vec{E} = -\left(\vec{v} \times \vec{B}\right) \tag{3.16}$$

Damit erhält man die Spannung U_{12} zu:

$$U_{12} = \int\limits_1^2 \vec{E} \cdot d\vec{l} = -\int\limits_1^2 \left(\vec{v} \times \vec{B}\right) \cdot d\vec{l} = -\left(\vec{v} \times \vec{B}\right) \cdot \vec{L} \tag{3.17}$$

Da in der Anordnung nach Abb. 3.7 die Vektoren $\vec{v}$ und $\vec{B}$ einen Winkel von 90° einschließen gilt für diesen Spezialfall:

$$U_{12} = -|\vec{v}| \cdot \left|\vec{B}\right| \cdot \left|\vec{L}\right| = -v \cdot B \cdot L \tag{3.18}$$

3.1.2 Der Wechselstromgenerator

Abb. 3.9 zeigt eine Anordnung, die gegenüber der Anordnung in Abb. 3.7 um einen Leiterstab erweitert ist. Die beiden Leiterstäbe, die sich auf den Kupferschienen bewegen, bilden eine Leiterschleife. Die beiden Leiterstäbe bewegen sich mit den

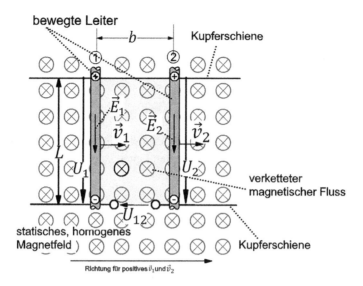

Abb. 3.9 Leiterschleife im statischen Magnetfeld

Geschwindigkeiten $\vec{v}_1$ und $\vec{v}_2$ in einem homogenen, statischen Magnetfeld. Zwischen den Enden der beiden Leiterstäbe entstehen entsprechend (3.14) je eine induzierte Spannung U_1 bzw. U_2.

In der Anordnung von Abb. 3.9 bilden die beiden sich bewegenden Leiterstäbe und die Kupferschienen eine Fläche A. Für den magnetischen Fluss $d\Phi$, der durch ein Flächenelement $d\vec{A}$ tritt, welches sich in einem magnetischen Feld mit der Flussdichte $\vec{B}$ befindet, gilt

$$d\Phi = \vec{B} \cdot d\vec{A} \tag{3.19}$$

Der Vektor $d\vec{A}$ steht dabei senkrecht auf dem Flächenelement. Es wird festgelegt: Der Betrag des Vektors $d\vec{A}$ ist positiv, wenn die Richtung des Vektors $\vec{B}$ und die gewählte Richtung des Umlaufes um das Flächenelement eine Rechtsschraube bilden. Der magnetische Fluss, der durch eine Leiterschleife mit der Fläche A tritt, bezeichnet man als den mit der Leiterschleife verketteten Fluss Φ_{verk}. Für ihn gilt (siehe auch (3.5))

$$\Phi_{verk} = \oiint_A \vec{B} \cdot d\vec{A}. \tag{3.20}$$

In Abb. 3.9 wird die Fläche A durch die beiden Leiterstäbe und die sie verbindenden Kupferschienen gebildet. Der mit der Schleife verkettete magnetische Fluss Φ_{verk} beträgt

$$\Phi_{verk} = \oiint_A \vec{B} \cdot d\vec{A} = (L \cdot b) \cdot B \tag{3.21}$$

Die beiden Leiterstäbe in Abb. 3.9 bewegen sich mit den Geschwindigkeiten $v_1 = \frac{ds_1}{dt}$ und $v_2 = \frac{ds_2}{dt}$. Mit den in Abb. 3.7 und 3.9 festgelegten Bezeichnungen und Richtungspfeilen, gelten entsprechend (3.18) die folgenden Beziehungen

$$U_1 = -v_1 \cdot B \cdot L = -\frac{ds_1}{dt} \cdot B \cdot L$$

$$U_2 = -v_2 \cdot B \cdot L = -\frac{ds_2}{dt} \cdot B \cdot L$$

Ist bei gleicher Richtung der Bewegung die Geschwindigkeit v_1 kleiner ist als v_2, so vergrößert sich der Abstand b der beiden bewegten Leiter, so dass der magnetische Fluss, der mit der Schleife 1–2–3–4 verkettet ist, zunimmt.

Es gilt weiter

$$\Phi_{verk}(t) \cdot = L \cdot b(t) \cdot B$$
$$\frac{db(t)}{dt} = \frac{ds_2}{dt} - \frac{ds_1}{dt}$$
$$\frac{d\Phi_{verk}}{dt} = L \cdot B \cdot \frac{db(t)}{dt} = L \cdot B \cdot \frac{ds_2}{dt} - L \cdot B \cdot \frac{ds_1}{dt}$$
$$\frac{d\Phi_{verk}}{dt} = U_2 - U_1$$

Folglich gilt

$$U_{12} = U_1 - U_2 = -\frac{d\Phi_{verk}}{dt} \tag{3.22}$$

Obwohl die eigentliche Ursache der Spannung an den Klemmen der Schleife die Bewegungsinduktion ist, kann diese Spannung entsprechend (3.22) als Folge des sich zeitlich ändernden und mit der Schleife verketteten magnetischen Flusses gedeutet werden. Man bezeichnet die Spannung U_{12} in Gl. (3.22) als induzierte Spannung.

Allgemeine Aussage von Gl. (3.22).

In einer Schleife, die sich in einem statischen Magnetfeld befindet,wird eine Spannung induziert, sofern sich der mit ihr verkettete magnetische Fluss durch die Bewegung der Schleife zeitlich ändert.

Eine Änderung des mit einer Schleife verketten Flusses kann z. B. durch eine sich im Magnetfeld drehende Schleife, wie sie in Abb. 3.10 dargestellt ist, erreicht werden.

Abb. 3.10 Prinzip des Wechselstromgenerators

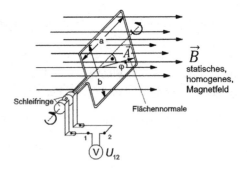

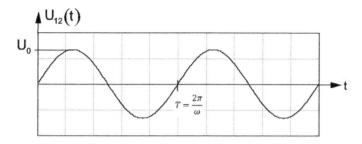

Abb. 3.11   Zeitverlauf der Spannung $U_{12}(t)$

Die Drehachse und der Flussdichtevektor $\vec{B}$ sind senkrecht zueinander ausgerichtet. Die Schleife dreht sich mit der Winkelgeschwindigkeit ω. Der mit der Schleife verkettete magnetische Fluss ist somit vom Drehwinkel φ abhängig. Bei $\varphi = 0$ hat der verkettete Fluss seinen Maximalwert. Bei $\varphi = 90°$ ist der mit der Schleife verkettete Fluss gleich Null. Die Fläche der Schleife ist $A = a \cdot b$. Der senkrecht zu dieser Fläche orientierte Vektor mit dem Betrag A ist der Flächenvektor $\vec{A}$. Für die Projektion der Fläche A auf die zur Richtung der magnetischen Flussdichte senkrechten Fläche $A_\perp$ gilt mit $\varphi = \omega \cdot t$

$$A_\perp = (a \cdot b) \cdot \cos\varphi = (a \cdot b) \cdot \cos(\omega \cdot t) \tag{3.23}$$

Der mit der sich drehenden Schleife verkettete magnetische Fluss Φ_{verk} ist somit zeitabhängig

$$\Phi_{verk}(t) = \vec{B} \cdot \vec{A} = \left|\vec{B}\right| \cdot \left|\vec{A}\right| \cdot \cos(\omega \cdot t) \tag{3.24}$$

Für die an den Klemmen 1 und 2 anliegende Spannung U_{12} gilt damit nach (3.22)

$$U_{12}(t) = -\frac{d\Phi_{verk}}{dt} = \left|\vec{B}\right| \cdot \left|\vec{A}\right| \cdot \omega \cdot \sin(\omega \cdot t) = U_0 \cdot \sin(\omega \cdot t) \tag{3.25}$$

Den Zeitverlauf von $U_{12}(t)$ zeigt Abb. 3.11. Die Anordnung in Abb. 3.10 stellt damit das Prinzip eines elektrischen Wechselspannungsgenerators dar.

3.1.3   Messung des magnetischen Flusses

Die Messung des magnestischen Flusses kann mit einer Hallsonde[8], wie sie in Abb. 3.12 dargestellt ist, erfolgen. Eine Hallsonde besteht aus einem ausgedehnten Leiter mit der Dicke d, der Breite b und der Länge l, dem an einer Stirnseite ein Strom I zugeführt wird. Befindet sich die Hallsonde in einem magnetischen Feld, dessen Flussdichte $\vec{B}$

---

[8]Hall, Edwin H., amerikanischer Physiker, *1855, †1938.

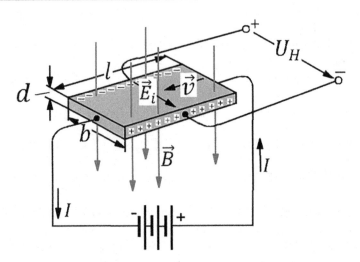

Abb. 3.12 Hall-Sonde zur Messung magnetischer Felder

senkrecht zur Plattenebene der Hallsonde orientiert ist, entsteht auf gegenüberliegenden Punkten senkrecht zur Strom- und Feldrichtung die sogenannte Hall-Spannung.

Der Strom I fließt im gesamten Volumen der Hallsonde. Auf die sich bewegenden Elektronen, die durch diesen Stromfluss entstehen, wirkt die Lorentz-Kraft, die sie senkrecht zur Richtung des Stromes und des magnetischen Feldes ablenkt. Hierdurch entsteht eine erhöhte Elektronendichte auf einer Seite der Hallsonde und infolgedessen eine induzierte elektrische Feldstärke E_i zwischen den Seiten der Sonde. Die Folge ist eine Querspannung, die Hall-Spannung U_H

$$U_H = -U_i = -E_i \cdot b \tag{3.26}$$

Nach (3.16) gilt für die induzierte elektrische Feldstärke

$$\vec{E}_i = -\left(\vec{v} \times \vec{B}\right) \tag{3.27}$$

Da im vorliegenden Anwendungsfall der Geschwindigkeitsvektor senkrecht zu der Richtung des Vektors der magnetischen Flussdichte angenommen wird, gilt

$$E_i = -v \cdot B \tag{3.28}$$

Mit (3.26) erhält man

$$U_H = -U_i = -v \cdot B \cdot b \tag{3.29}$$

mit der Geschwindigkeit

$$v = \frac{s}{t}$$

In dieser Beziehung ist s die Wegstrecke, die in der Zeit t durch die Ladungsträger zurückgelegt wird. Für die Stromstärke I in Abb. 3.12 gilt

$$I = \frac{Q}{t} = \frac{Q}{s} \cdot v = \frac{Q \cdot b \cdot d}{s \cdot b \cdot d} \cdot v \tag{3.30}$$

In dieser Gleichung ist Q die Ladungsmenge, die sich infolge des Stromflusses I in der Platte bewegt und $s \cdot b \cdot d$ das Volumen V der Hallsonde. Somit gilt für die Raumladungsdichte ϱ

$$\varrho = \frac{Q}{s \cdot b \cdot d} \tag{3.31}$$

und für den Strom I

$$I = \varrho \cdot v \cdot b \cdot d \tag{3.32}$$

Daraus folgt

$$v = \frac{I}{\varrho \cdot b \cdot d} \tag{3.33}$$

Mit (3.29) erhält man für die Hallspannung U_H

$$U_H = -U_i = -v \cdot B \cdot b = -\frac{I}{\varrho \cdot b \cdot d} \cdot B \cdot b$$

bzw.

$$U_H = -\frac{1}{\varrho} \cdot \frac{I \cdot B}{d} \tag{3.34}$$

Der Faktor $1/\varrho$ in (3.34) wird als Hallkonstante R_H bezeichnet

$$U_H = -R_H \cdot \frac{I \cdot B}{d} \tag{3.35}$$

Aus den Messwerten des Stromes I und der Hallspannung U_H kann die magnetische Flussdichte B ermittelt werden

$$|B| = \frac{U_H}{R_H \cdot I} \cdot d \tag{3.36}$$

Bei konstanter Stromstärke I ist die Hallspannung U_H umso größer, je kleiner die Schichtdicke d der Hallsonde ist. Die typische Schichtdicke liegt zwischen 1 μm und einigen 10 μm. Die Hallkonstante ist bei Metallen recht klein, bei Halbleitern jedoch besonders hoch (siehe Tab. 3.1). Reine Halbleiter wie Germanium und Silizium haben zwar eine sehr große Hallkonstante, aber auch einen sehr großen spezifischen Widerstand. Für den technischen Einsatz besser geeignet sind Halbleiterlegierungen wie Indium-Arsenid und Gallium-Arsenid, die zwar eine kleine Hallkonstante besitzen, dafür aber auch einen kleinen spezifischen Widerstand.

Tab. 3.1 Hallkonstanten einiger Materialen

Material	Hallkonstante $R_H \frac{cm^3}{A \cdot s}$
Metalle	10^{-4}
Germanium	10^3
Silizium	10^6
Indium-Arsenid	$14 - 30$
Gallium-Arsenid	$50 - 85$

3.2   Ampère´sches Gesetz

Gegenstand dieses Abschnittes ist der Zusammenhang zwischen Magnetfeld und elektrischem Strom, der dieses Magnetfeld erzeugt. Zunächst wird eine Messanordnung angegeben, mit der dieser Zusammenhang, der als Ampère´sches Gesetz[9] oder auch als Durchflutungsgesetzbezeichnet wird, nachgewiesen werden kann.

Für die Messung wird eine sogenannte Rogowski-Spule verwendet[10]. Sie ist eine langgestreckte, biegsame Spule mit geringem Querschnitt, die möglichst gleichmäßig um einen biegsamen Spulenkörper aus nicht magnetischem Werkstoff gewickelt ist (eisenlose Spule). In Abb. 3.13 ist im rechten Bild der grundsätzliche Aufbau der Spule zu erkennen. Die Spule ist in diesem Bild zu einem Kreis gebogen, der bei den Enden a und b offen ist. Der linke Teil der Abb. zeigt die Ansicht einer aufgebogenen Rogowski-Spule. Man erkennt, dass ihre Windungen eng beieinander liegen.

Für die Messung werden die Anschlüsse 1 und 2 der Spule mit einem integrierenden Messverstärker verbunden. Sein Prinzipschaltbild ist in Abb. 3.14 angegeben. Der Messwert Q ist dem Integral der zeitabhängigen Spannung $u_{12}(t)$ an den Klemmen 1 und 2 der Rogowski-Spule proportional

$$Q = K \cdot \int u_{12}(t) \cdot dt \tag{3.37}$$

Der Querschnitt der Rogowski-Spule ist klein, so dass im Querschnitt die magnetische Flussdichte im Innern als konstant angesehen werden kann. Die Querschnittsfläche der Rogowski-Spule ist A und n die Anzahl der Windungen je Längeneinheit. Damit gilt für den Zusammenhang zwischen dem spezifischen magnetischem Fluss $d\Phi_{verk/spez}$, d. h. dem magnetischen Fluss, der je Längenelement $d\vec{s}$ mit der Spule verkettet ist, und der Flussdichte $\vec{B}$ (siehe (3.20)

---

[9]André-Marie Ampère, französischer Physiker und Mathematiker, *1775, †1836.
[10]Rogowski, W., deutscher Elektrotechniker,*1881, †1947.

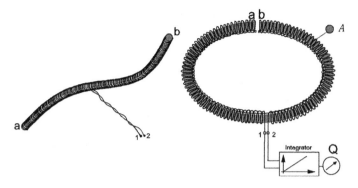

Abb. 3.13 Rogowski-Spule

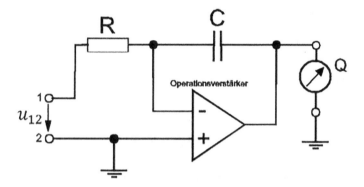

Abb. 3.14 Prinzipschaltbild eines integrierenden Messverstärkers

$$d\Phi_{verk/spez} = n \cdot A \cdot \vec{B} \cdot d\vec{s} \tag{3.38}$$

$K =$ Proportionalitätsfaktor

Der Vektor $d\vec{s}$ hat die Richtung der Tangente an die gekrümmte Spulenachse der Rogowski-Spule. Den magnetischen Fluss Φ_{verk}, der insgesamt mit der Rogowski-Spule verkettet ist, erhält man damit zu:

$$\Phi_{verk} = n \cdot A \cdot \int_{1}^{2} \vec{B} \cdot d\vec{s} = n \cdot A \cdot \oint_{C} \vec{B} \cdot d\vec{s} \tag{3.39}$$

C ist die Kontur der Rogowski-Spule.

In Abb. 3.15 ist die Messanordnung zur Verifizierung des Ampère'schen Gesetzes angegeben. Die Rogowski-Spule umschließt den stromführenden Leiter (Die beiden Enden a und b der Spule liegen eng zusammen).

Wird der Schalter S geschlossen, fließt ein zeitlich bis zu seinem Endwert I ansteigender Stromdurch den Leiter. Dabei entsteht um den Leiter ein zeitveränderliches

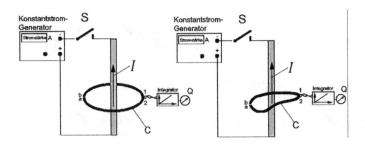

Abb. 3.15 Messungen zum Ampère'schen Gesetz mit der Rogowski-Spule

magnetisches Feld. Der mit der Rogowski-Spule verkettete, magnetische Fluss steigt vom Wert 0 vor dem Schließen des Schalters auf den Endwert Φ_{verk} an. Infolgedessen wird nach (3.22) in der Rogowski-Spule eine Spannung $u_{12}(t)$ induziert.[11]

Nach (3.22) gilt für die an den Klemmen 1 und 2 der Rogowski-Spule zum Zeitpunkt t induzierte[12] Spannung[13]

$$\frac{d\Phi_{verk}(t)}{dt} = u_{12}(t) \tag{3.40}$$

Mit (3.39) ergibt sich

$$\frac{d\Phi_{verk}(t)}{dt} = u_{12}(t) = \frac{d}{dt}\left(n \cdot A \cdot \int_C \vec{B} \cdot d\vec{s} \right) \tag{3.41}$$

Das Integral (3.41) erstreckt sich über die gesamte, geschossene Kontur C der Rogowski-Spule, welche den stromführenden Leiter zwischen den Enden a und b umschließt. Da sich der magnetische Fluss zeitlich ändert,ist auch die Spannung $u_{12}(t)$ zeitlich nicht konstant. Wenn der Stromfluss seinen Endwert erreicht I hat, sinkt die Spannung $u_{12}(t)$ auf Null. Die Anzeige Q am Ausgang des Integrators ist nach (3.37) dem Integral der Spannung $u_{12}(t)$ über die Zeit des sich ändernden Stromflusses proportional, so dass aus (3.41) mit (3.37) folgt

$$Q = K \cdot \int u_{12}(t) \cdot dt = K \cdot n \cdot A \cdot \oint_C \vec{B} \cdot d\vec{s} \tag{3.42}$$

---

[11]Die Ursache des zeitveränderlichen, verketteten magnetischen Flusses ist der beim Einschaltvorgang zeitlich ansteigende Strom (Einschaltvorgang einer Induktivität siehe Abschn. 4.1). Der zeitveränderliche, verkettete magnetische Fluss, der Gl. (3.22) zugrunde liegt, kommt hingegen durch den sich verändernden Querschnitt der Leiterschleife zustande. Für das Entstehen der induzierten Spannung ist es gleichgültig wodurch der zeitveränderliche, verkettete Fluss entsteht. Im Einzelnen wird auf zeitveränderliche magnetische Felder in Abschn. 4.3 eingegangen.

[12]Lateinisch „iducere" = hineinführen.

[13]Das Vorzeichen der Spannung u_{12} ist in diesem Fall ohne Bedeutung.

Abb. 3.16 Rogowski-Spule
mit unterschiedlicher Werten
des verketteten Stroms

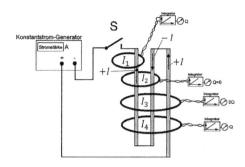

Tab. 3.2 Messergebnisse zu
Abb. 3.16

Messung	Verketteter Strom	Anzeige
1	$I_1 = I$	Q
2	$I_2 = I - I = 0$	0
3	$I_3 = I + I = 2 \cdot I$	$2 \cdot Q$
4	$I_4 = I - I + I = I$	Q

Dabei ist es gleichgültig, welche Form die Kontur C der geschlossenen Schleife besitzt.
Die Messergebnisse im linken Teil von Abb. 3.15 sind mit den Ergebnissen im rechten
Teil der Abbildung identisch.

In Abb. 3.16 sind vier unterschiedliche mit einer Rogowski-Spule verkettete Ströme
dargestellt. Die Ergebnisse der Messung sind in Tab. 3.2 zusammengestellt.

Allgemein gilt somit:

Das Linienintegral der magnetischen Flussdichte über eine geschlossene Kontur
C, die den stromführenden Leiter umschließt, d. h. der mit der Kontur verkettete
magnetische Fluss Φ_{verk} ist dem Strom I, der die Schleife durchsetzt, proportional.

In der folgenden Gleichung ist dieser Sachverhalt mathematisch formuliert

$$\oint_C \vec{B} \cdot d\vec{s} = \Phi_{verk} = \mu \cdot I \tag{3.43}$$

In (3.43) ist μ der Proportionalitätsfaktor. Er wird als Permeabilität bezeichnet. Versuche haben ergeben, dass die Permeabilität von dem Medium abhängt, in dem sich das
magnetische Feld ausbildet. Die Permeabilität setzt sich aus zwei Faktoren zusammen

$$\mu = \mu_r \cdot \mu_0 \tag{3.44}$$

In (3.44) ist μ_0 die Permeabilität des leeren Raumes. Sie wird als absolute Permeabilität bezeichnet. Im Unterschied hierzu beschreibt die relative Permeabilität μ_r die
magnetischen Eigenschaften des Mediums bzw. des Materials in dem sich das Magnetfeld ausbildet. Der Wert der absoluten Permeabilität μ_0 ist durch die Definition der

Stromstärke festgelegt. Führt man in (3.43) die Permeabilität ein, so erhält man die folgende Beziehung, die als Ampère'sches Gesetz bezeichnet wird

$$\oint_C \frac{\vec{B}}{\mu} \cdot d\vec{s} = \oint_C \vec{H} \cdot d\vec{s} = I \qquad (3.45)$$

In dieser Gleichung wird der Vektor

$$\vec{H} = \frac{\vec{B}}{\mu} \qquad (3.46)$$

als magnetische Feldstärke bezeichnet.

Das Ampère'sche Gesetz in Worten:

Das Linienintegral der magnetischen magnetischen Feldstärke entlang einer geschlossenen Kontur C ist gleich dem gesamten Strom, der durch die von dieser Kontur aufgespannte Fläche tritt, d. h. der mit dieser Kontur verkettet ist.

3.2.1 Wert der absoluten Permeabilität

In Abb. 3.17 ist zur Veranschaulichung des Ampère'schen Gesetzes der Querschnitt eines unendlich langen, von Strom durchflossenen Leiters dargestellt und eine der

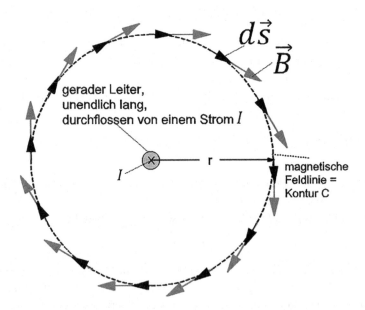

Abb. 3.17 Ampère'sches Gesetz, veranschaulicht an einem unendlich langen, geraden, strom-durchflossenen Leiter

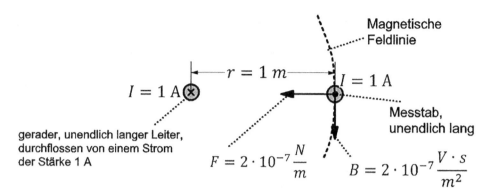

Abb. 3.18 Zum Wert der absoluten Permeabilität μ_0

kreisförmigen, magnetischen Feldlinien, die diesen Leiter umschließen. Die Integration erfolgt in dem Beispiel entlang der kreisförmigen Feldlinie.

Der Wert der absoluten Permeabilität μ_0 hängt unmittelbar mit der Definition der elektrischen Stromstärke zusammen. Die elektrische Stromstärke Ampère[14] (Formelzeichen A) ist eine SI-Basiseinheit und ist wie folgt definiert:

1 Ampère (A) ist die Stärke des zeitlich konstantenelektrischen Stromes, der im Vakuum zwischen zwei parallelen, unendlich langen, geraden Leitern mit vernachlässigbar kleinem, kreisförmigem Querschnitt und dem Abstand von 1 m zwischen diesen Leitern eine spezifische Kraft von $2 \cdot 10^{-7}$ N/m hervorruft.[15]

Die Definition der Einheit der Stromstärke hat einen Bezug zur Definition der Einheit der magnetischen Flussdichte B:

Die Einheit der magnetischen Flussdichte 1 T (Tesla) liegt vor, wenn auf einen Messstab der Länge 1 m, der von einen Strom mit der Stärke 1 A durchflossen wird, eine Kraft von 1 N ausgeübt wird (siehe (3.3)).

In Abb. 3.18 ist dieser Zusammenhang in einer Skizze dargestellt.

Aufgrund der Definition der elektrischen Stromstärke wird auf den Messstab eine spezifische Kraft von

---

[14]Ampère, André Marie, französischer Mathematiker und Physiker,* 1755, †1836.

[15]Ab 20. Mai 2019 gilt eine neue Definition der Einheit Ampère im internationalen Einheitensystem (SI). Die neue Definition der Einheit Ampère auf dem genau festgelegten Wert der Elementarladung e. Die Änderung der Definition war möglich, da man heute in der Lage ist, einzelne Ladungen gut zu zählen. Die Einheit 1 A liegt nach der neuen Definition vor, wenn $1/602176634 \cdot 10^{-19} = 6,241509074 \cdot 10^{18}$ Elementarladungen je Sekunde durch den Leiter geflossen sind. Diese Festlegung hat zur Folge, dass die Feldkonstanten μ_0, ε_0 und der Feldwellenwiderstand des Vakuums zu Messgrößen werden, die mit Unsicherheit behaftet sind. (Quelle: Wikipedia).

$$F = 2 \cdot 10^{-7} \frac{\text{N}}{\text{m}}$$

ausgeübt.

In Übereinstimmung mit (3.3) beträgt die magnetische Flussdichte am Ort des Messtabes definitionsgemäß

$$B = 2 \cdot 10^{-7} \frac{\text{N}}{\text{A} \cdot \text{m}} = 2 \cdot 10^{-7} \cdot \frac{\text{V} \cdot \text{s}}{\text{m}^2}$$

Der verkette Strom im Zentrum des Kreises mit dem Radius 1 m beträgt 1 A. Somit gilt nach (3.43):

$$\int_C \vec{B} \cdot d\vec{s} = 2 \cdot 10^{-7} \cdot \frac{\text{V} \cdot \text{s}}{\text{m}^2} \cdot 2 \cdot \pi \cdot 1 \cdot \text{m} = \mu_0 \cdot 1 \cdot \text{A}$$

Hieraus folgt für den Wert der absoluten Permeabilität:

$$\mu_0 = 2 \cdot 10^{-7} \cdot \frac{\frac{\text{V} \cdot \text{s}}{\text{m}^2} \cdot 2 \cdot \pi \cdot 1 \cdot \text{m}}{1 \cdot \text{A}} = 4 \cdot \pi \cdot 10^{-7} \cdot \frac{\text{V} \cdot \text{s}}{\text{A} \cdot \text{m}} \tag{3.47}$$

3.2.2 Feldstärke innerhalb und außerhalb eines unendliche langen Leiters

Als Beispiel wird die magnetische Feldstärke $\vec{H}$ innerhalb und außerhalb eines unendlich langen Leiters, wie er in Abb. 3.19 dargestellt ist, berechnet.

Elektrischer Strom Innern des Leiters	I
Stromdichte im Innern des Leiters:	$\vec{J}$
Radius des Leiters:	r_0

Die Stromdichte $\vec{J}$ ist über die Querschnittsfläche des Leiters konstant.

Lösung:

Die magnetischen Feldlinien sind innerhalb und außerhalb des stromführenden Leiters Kreise um die Achse des Leiters. Die magnetische Feldstärke hat infolgedessen nur eine Komponente in α-Richtung, die zudem nicht von α abhängig ist. Für Bereiche innerhalb des Leiters, d. h. für Bereiche, in denen ein flächenhafter Strom als Stromdichte $\vec{J}$ vorhanden ist, lautet das Ampère'sche Gesetz entsprechend (3.45)

$$\oint_C \vec{H} \cdot d\vec{s} = \Theta = \iint_A \vec{J} \cdot \vec{n}_A \cdot dA \tag{3.48}$$

Abb. 3.19 Ausschnitt
eines geraden, von Strom
durchflossenen, unendlich
langen Leiters

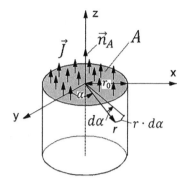

$$\oint_{\alpha=0}^{2\cdot\pi} H_{\alpha/in}(r) \cdot r \cdot d\alpha = \int_{\alpha=0}^{2\cdot\pi} \int_{r=0}^{r} \frac{I}{\pi\cdot r_0^2} \cdot r \cdot d\alpha \cdot dr$$

$$H_{\alpha/in}(r) \cdot 2\cdot\pi\cdot r = \frac{I}{\pi\cdot r_0^2} \cdot 2\cdot\pi\cdot \int_{0}^{r} r \cdot dr \tag{3.49}$$

$$H_{\alpha/in}(r) \cdot r = \frac{I}{\pi\cdot r_0^2} \cdot \frac{r^2}{2}$$

$$H_{\alpha/in}(r) = \frac{I}{2\cdot\pi} \cdot \frac{r}{r_0^2}$$

Bereich außerhalb des Leiters:

$$\oint_{\alpha=0}^{2\cdot\pi} H_{\alpha/aus}(r) \cdot r \cdot d\alpha = \iint_{A} \vec{J} \cdot \vec{n}_A \cdot dA = I$$

$$H_{\alpha/aus}(r) \cdot 2\cdot\pi\cdot r = I \tag{3.50}$$

$$H_{\alpha/aus}(r) = \frac{I}{2\cdot\pi} \cdot \frac{1}{r}$$

Innerhalb des von Strom durchflossenen Leiters nimmt die magnetische Feldstärke mit dem Quadrat des Abstandes vom Leitermittelpunkt ab. Außerhalb des stromführenden Leiters ist die magnetische Feldstärke proportional $1/r$.

3.3   Das skalare magnetische Potential

Nach dem Ampère´schen Gesetz ist das Linienintegral über eine geschlossene Kontur gleich Null, sofern die Kontur keinen Strom einschließt. In diesem Fall gilt

$$\oint_{C} \frac{\vec{B}}{\mu} \cdot d\vec{s} = \oint_{C} \vec{H} \cdot d\vec{s} = 0 \tag{3.51}$$

Bildet man das Linienintegral der magnetischen Feldstärke zwischen zwei Punkten a und b eines magnetischen Feldes

$$\int_{a}^{b} \vec{H} \cdot d\vec{s}$$

Abb. 3.20 Integrationswege
des Linienintegrals der
magnetischen Feldstärke

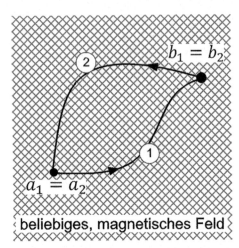

so ist der Wert des Integrals unabhängig von Integrationsweg.

In Abb. 3.20 aind zwei Integrationswege zwischen den Punkten a und b dargestellt. Die Integrationswege umschließen und schneiden keinen stromführenden Leiter. Um die Unabhängigkeit des Integrals von Integrationsweg nachzuweisen, sind in Abb. 3.20 zwei Wege, über die das Linienintegral zu bilden ist, dargestellt.

Linienintegral über den Weg 1 (Index 1):

$$\int\limits_{a_1}^{b_1} \vec{H} \cdot d\vec{s}$$

Linienintegral über den Weg 2 (Index 2):

$$\int\limits_{a_2}^{b_2} \vec{H} \cdot d\vec{s}$$

Die Summe des Linienintegrals von a nach b über den Weg 1 und zurück von b nach a über den Weg 2 ist gleich Null, wenn, wie vorausgesetzt, die Kontur, die von den Wegen 1 und 2 gebildet wird, keinen stromführenden Leiter einschließt:

$$\int\limits_{a_1}^{b_1} \vec{H} \cdot d\vec{s} + \int\limits_{b_2}^{a_2} \vec{H} \cdot d\vec{s} = 0$$

Daraus folgt:

$$\int\limits_{a_1}^{b_1} \vec{H} \cdot d\vec{s} = \int\limits_{a_2}^{b_2} \vec{H} \cdot d\vec{s}$$

In Worten:

> Unter der Voraussetzung, dass die Wege zwischen zwei Punkten ineinander übergeführt werden können, ohne dass ein stromführender Leiter geschnitten wird, ist das Linienintegral der magnetischen Feldstärke zwischen zwei Punkten a und b ist unabhängig vom Integrationsweg zwischen dieses Punkten. Das Linienintegral hängt nur von der Lage der beiden Enden a und b im magnetischen Feld ab (Zitiert nach [4]]).

Dieser Sachverhalt hat seine Analogie im elektrischen Feld. Dort ist das Linienintergral der elektrischen Feldstärke zwischen zwei Punkten a und b des Feldes ebenfalls unabhängig vom Integrationsweg und nur abhängig von der Lage der beiden Endpunkte im Feld. In Analogie zum elektrischen Feld kann auch im magnetischen Feld ein skalares, magnetisches Potential ψ eingeführt werden. Es ist durch folgende Beziehung definiert (vgl. (1.16) und (1.6)):

$$\int_{a}^{b} \vec{H} \cdot d\vec{s} = \psi_a - \psi_b \tag{3.52}$$

bzw.

$$\vec{H} = -\text{grad } \psi \tag{3.53}$$

Dies bedeutet: Außerhalb von stromführenden Leitern kann jedem Punkt eines magnetischen Feldes eine Potentialwert zugeordnet werden. Die magnetische Feldstärke ist gleich dem Gradienten dieses skalaren Feldes.

Das Linienintegral der magnetischen Feldstärke bezeichnet man deshalb in Analogie zur elektrischen Spannung auch als magnetische Spannung. Sie kann mit der Rogowski-Spule nach Abb. 3.13 gemessen werden (vgl. auch (3.39)). Die Rogowski-Spule wird aus diesem Grund auch als magnetischer Spannungsmesser bezeichnet.

3.4 Die differentielle Form des Ampère´schen Gesetzes

Die integrale Form des Ampère´schen Gesetzes nach (3.45) gibt den Zusammenhang an zwischen der magnetischen Feldstärke entlang einer Kontur und dem Strom, der durch die von der Kontur aufgespannten Fläche tritt. Um den Zusammenhang zwischen der magnetischen Feldstärke an einem Feldpunkt innerhalb eines stromführenden Leiters und der dort vorhandenen Stromdichte zu finden, muss das Ampère´sche Gesetz von seiner integralen Form in die differentielle Form übergeführt werden.

Ausgangspunkt ist (3.48). Die Integration ist über die Fläche A, die von der Kontur C aufgespannt wird, zu erstrecken:

$$\oint_{C} \vec{H} \cdot d\vec{s} = \iint_{A} \vec{J} \cdot \vec{n}_A \cdot dA \tag{3.54}$$

In Abb. 3.21 ist eine Fläche A mit der Kontur C dargestellt. Innerhalb der Kontur ist die Stromdichte $\vec{J}$ ortsabhängig. Reduziert man die Fläche A in (3.54) auf eine sehr kleine Fläche ΔA, so kann die Stromdichte $\vec{J}$ dort als konstant angenommen werden. (3.54) geht, angewendet auf die kleine Fläche ΔA, über in:

$$\oint_{C_{\Delta A}} \vec{H} \cdot d\vec{s} = \vec{J} \cdot \Delta A \cdot \vec{n}_{\Delta A} \tag{3.55}$$

In (3.55) ist $C_{\Delta A}$ die Kontur der kleinen Fläche ΔA. Durch Division mit ΔA, erhält man:

$$\frac{1}{\Delta A} \cdot \oint_{C_{\Delta A}} \vec{H} \cdot d\vec{s} = \vec{J} \cdot \vec{n}_{\Delta A} \tag{3.56}$$

Multipliziert man beide Seiten mit dem Einheitsvektor $\vec{n}_{\Delta A}$, so erhält man eine Beziehung, in der auf der rechten Seite lediglich die Stromdichte $\vec{J}$ steht:

$$\frac{\vec{n}_{\Delta A}}{\Delta A} \cdot \oint_{C_{\Delta A}} \vec{H} \cdot d\vec{s} = \vec{J} \tag{3.57}$$

Um explizit zum Ausdruck zu bringen, dass die Fläche ΔA infinitesimal klein ist, muss der folgende Grenzwert gebildet werden:

$$\vec{n}_{\Delta A} \cdot \lim_{\Delta A \to 0} \frac{1}{\Delta A} \cdot \oint_{C_{\Delta A}} \vec{H} \cdot d\vec{s} = \vec{J} \tag{3.58}$$

In der Vektoranalysis bezeichnet man den Grenzwert, dem das Verhältnis des Linienintegrals eines Vektors entlang einer geschlossenen Kontur, dividiert durch die infinitesimal kleine Fläche, die von der Kontur gebildet wird, zustrebt, als Rotation oder

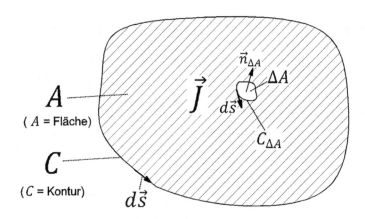

Abb. 3.21 Zur differentiellen Form des Ampère´schen Gesetzes

Wirbel dieses Vektors. Die beschriebene Vektoroperation, angewandt auf den Vektor $\vec{H}$, trägt die Bezeichnung rot $\vec{H}$. Mit dieser Bezeichnung nimmt (3.58) die folgende Form an:

$$\text{rot } \vec{H} = \vec{J} \tag{3.59}$$

Gl. (3.59) ist die differentielle Form des Ampère'schen Gesetzes.

Die Bezeichnung rot bringt zum Ausdruck, dass, falls rot $\vec{H} \neq 0$ ist, die magnetische Feldstärke einen Anteil enthält, der, bildlich gesprochen, an dem betrachteten Punkt des magnetischen Vektorfeldes einen Wirbel besitzt.

Anstelle der Schreibweis rot ist auch die folgende Schreibweise mit dem Nabla-Operator üblich:

$$\text{rot } \vec{H} = \nabla \times \vec{H} = \vec{J} \tag{3.60}$$

3.5 Rotation des Vektorfeldes der magnetischen Feldstärke

Entsprechend der Definitionsgleichung der Vektoroperation rot $\vec{H}$ in (3.58) ist zur Bildung der Rotation das Skalarprodukt aus Feldstärke $\vec{H}$ und dem Wegelement $d\vec{s}$ entlang der Kontur der infinitesimalen Fläche $\lim_{\Delta A \to 0} \Delta A = dA$ zu bilden. Das erhaltene Produkt ist schließlich durch das Flächenelement dA zu dividieren. Der so berechnete Vektor rot $\vec{H}$ steht senkrecht auf dem Flächenelement dA und folglich parallel zum Normalvektor $\vec{n}_A$ des Flächenelementes. Dabei ist zu beachten, dass das Flächenelement dA beliebig im Raum orientiert sein kann und Projektionen des Flächenelementes auf alle drei Ebenen eines räumlichen Koordinatensystems möglich sind. Die Vektoroperation rot $\vec{H}$ besitzt somit im dreidimensionalen Raum drei Koordinaten.

3.5.1 Vektoroperation rot $\vec{H}$ in Zylinderkoordinaten

Zur Erläuterung der Vektoroperation rot eines Vektorfeldes wird in diesem Abschnitt beispielhaft die Rotation der magnetischen Feldstärke eines unendlich langen, stromdurchflossenen Leiters, wie er in Abb. 3.19 dargestellt ist, berechnet. In diesem Beispiel handelt es sich um ein zylindersymmetrisches Problem. Aus diesem Grund werden zunächst die Komponenten der Vektoroperation rot $\vec{H}$ in Zylinderkoordinaten hergeleitet.

Zur Ermittlung der Komponenten $\text{rot}_r \vec{H}$ und $\text{rot}_\alpha \vec{H}$ und $\text{rot}_z \vec{H}$ des Vektors rot $\vec{H}$ ist die beschriebeneOperation entlang der drei Komponenten dA_r, d A_α und d A_z der Fläche d $\vec{A}$ zu bilden und das Ergebnis durch die Fläche der entsprechenden Komponente von dA zu dividieren.

Die Komponente dA_r ist das Flächenelement, das aus $d\vec{A}$ für $r = $ const entsteht, wenn der Winkel α um $d\alpha$ und die Koordinate z um dz variiert werden. In Abb. 3.22 ist dieses Flächenelement dargestellt. Die Komponente $\text{rot}_r \vec{H}$ steht senkrecht auf diesem Flächenelement und zeigt in die positive r-Richtung. Für die Berechnung der Komponente $\text{rot}_r \vec{H}$ ist die Komponente dA_r des im Sinn einer Rechtsschraubebezüglich $\text{rot}_r \vec{H}$ zu umrunden.

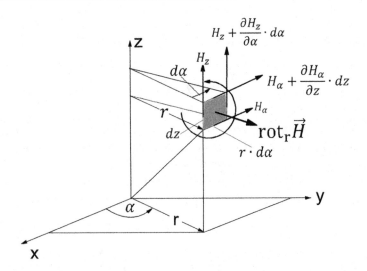

Abb. 3.22 r-Komponente $\text{rot}_r\vec{H}$ des Vektors $\text{rot}\vec{H}$ und Komponente dA_r des Flächenelementes dA für $r = const.$

Die Änderung der z-Komponente der magnetischen Feldstärke beim Fortschreiten in α-Richtung beträgt:

$$\frac{\partial H_z}{\partial \alpha} \cdot d\alpha$$

Entsprechend gilt für die Änderung der α-Komponente beim Fortschreiten in z-Richtung:

$$\frac{\partial H_\alpha}{\partial z} \cdot dz$$

Aus Abb. 3.22 kann somit für das Umlaufintegral $\left(\oint \vec{H} \cdot d\vec{s} \right)_{r=const}$ die folgende Beziehung abgelesen werden:

$$\left(\oint \vec{H} \cdot d\vec{s} \right)_{r=const}$$
$$= H_\alpha \cdot r \cdot d\alpha + \left(H_z + \tfrac{\partial H_z}{\partial \alpha} \cdot d\alpha \right) \cdot dz - \left(H_\alpha + \tfrac{\partial H_\alpha}{\partial z} \cdot dz \right) \cdot r \cdot d\alpha - H_z \cdot dz$$

$$(3.61)$$

$$\left(\oint \vec{H} \cdot d\vec{s} \right)_{r=const}$$
$$= H_\alpha \cdot r \cdot d\alpha + H_z \cdot dz + \tfrac{\partial H_z}{\partial \alpha} \cdot d\alpha \cdot dz - H_\alpha \cdot r \cdot d\alpha - \tfrac{\partial H_\alpha}{\partial z} \cdot dz \cdot r \cdot d\alpha - H_z \cdot dz$$
$$\left(\oint \vec{H} \cdot d\vec{s} \right)_{r=const} = \left(\tfrac{\partial H_z}{\partial \alpha} - \tfrac{r \cdot \partial H_\alpha}{\partial z} \right) \cdot d\alpha \cdot dz$$

Da die r-Komponente dA_r des Flächenelementes $d\vec{A}$ gleich $(r \cdot d\alpha \cdot dz)$ ist, erhält man entsprechend (3.58) und (3.59) die r-Komponente der Vektoroperation $\text{rot}\,\vec{H}$ zu:

$$\text{rot}_r\,\vec{H} = \frac{1}{r \cdot d\alpha \cdot dz} \cdot \left(\oint \vec{H} \cdot d\vec{s}\right)_{r=\text{const}} = \frac{1}{r} \cdot \frac{\partial H_z}{\partial \alpha} - \frac{\partial H_\alpha}{\partial z} \tag{3.62}$$

Die Berechnung der Komponente $\text{rot}_z\,\vec{H}$ erfolgt nach dem gleichen Schema. Die folgende Gleichung kann aus Abb. 3.23 abgeleitet werden.

$$\left(\oint \vec{H} \cdot d\vec{s}\right)_{z=\text{const}}$$
$$= H_r \cdot dr + \left(H_\alpha + \frac{\partial H_\alpha}{\partial r} \cdot dr\right) \cdot (r + dr) \cdot d\alpha - \left(H_r + \frac{\partial H_r}{\partial \alpha} \cdot d\alpha\right) \cdot dr - H_\alpha \cdot r \cdot d\alpha \tag{3.63}$$

$$\left(\oint \vec{H} \cdot d\vec{s}\right)_{z=\text{const}}$$
$$= H_r \cdot dr + H_\alpha \cdot r \cdot d\alpha + H_\alpha \cdot dr \cdot d\alpha + \frac{\partial H_\alpha}{\partial r} \cdot dr \cdot r \cdot d\alpha + \frac{\partial H_\alpha}{\partial r} \cdot dr \cdot dr \cdot d\alpha - H_r \cdot dr$$
$$- \frac{\partial H_r}{\partial \alpha} \cdot d\alpha \cdot dr - H_\alpha \cdot r \cdot d\alpha$$
$$\left(\oint \vec{H} \cdot d\vec{s}\right)_{z=\text{const}}$$
$$= H_\alpha \cdot dr \cdot d\alpha + \frac{\partial H_\alpha}{\partial r} \cdot dr \cdot r \cdot d\alpha + \frac{\partial H_\alpha}{\partial r} \cdot dr \cdot dr \cdot d\alpha - \frac{\partial H_r}{\partial \alpha} \cdot d\alpha \cdot dr$$

Der Ausdruck $\frac{\partial H_\alpha}{\partial r} \cdot dr \cdot dr \cdot d\alpha$ kann vernachlässigt werden.

$$\left(\oint \vec{H} \cdot d\vec{s}\right)_{z=\text{const}} = H_\alpha \cdot dr \cdot d\alpha + \frac{\partial H_\alpha}{\partial r} \cdot dr \cdot r \cdot d\alpha - \frac{\partial H_r}{\partial \alpha} \cdot d\alpha \cdot dr$$
$$\left(\oint \vec{H} \cdot d\vec{s}\right)_{z=\text{const}} = \left(\frac{1}{r}H_\alpha + \frac{\partial H_\alpha}{\partial r} \cdot - \frac{1}{r}\frac{\partial H_r}{\partial \alpha}\right) \cdot (dr \cdot r \cdot da)$$
$$\left(\oint \vec{H} \cdot d\vec{s}\right)_{z=\text{const}} = \left[\frac{1}{r} \cdot \left(\frac{\partial (r \cdot H_\alpha)}{\partial r} - \frac{\partial H_r}{\partial \alpha}\right)\right] \cdot (dr \cdot r \cdot da)$$

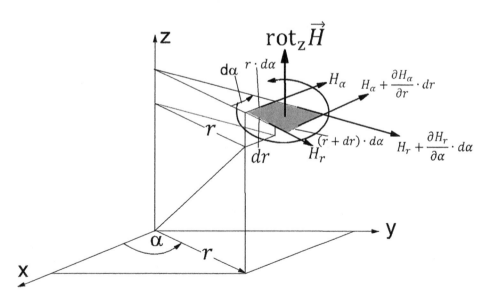

Abb. 3.23 z-Komponente $\text{rot}_z\,\vec{H}$ des Vektors $\text{rot}\,\vec{H}$ und Komponente dA_z des Flächenelementes ($z=$const.)

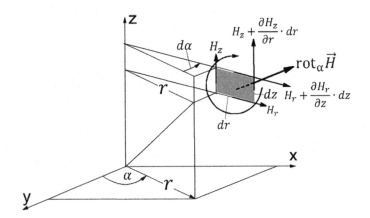

Abb. 3.24 α-Komponente $\text{rot}_\alpha\ \vec{H}$ des Vektors rot $\vec{H}$ und Komponente dA_α des Flächenelementes ($\alpha = \text{const.}$)

Da die z-Komponente $d\vec{A}_z$ des Flächenelementes $d\vec{A}$ gleich ($r \cdot d\alpha \cdot dr$) ist[16], erhält man entsprechend (3.58) und (3.59) die z-Komponente der Vektoroperation *rot* $\vec{H}$ zu

$$\text{rot}_z\ \vec{H} = \frac{1}{dr \cdot r \cdot d\alpha} \cdot \left(\oint \vec{H} \cdot d\vec{s} \right)_{z=\text{const}} = \frac{1}{r}\left(\frac{\partial(r \cdot H_\alpha)}{\partial r} - \frac{\partial H_r}{\partial \alpha} \right) \quad (3.64)$$

Die Berechnung der Komponente $\text{rot}_\alpha\ \vec{H}$ erfolgt anhand von Abb. 3.24. Man erhält zunächst folgende Beziehung:

$$\left(\oint \vec{H} \cdot d\vec{s} \right)_{\alpha=\text{const}} \\ = H_z \cdot dz + \left(H_r + \frac{\partial H_r}{\partial z} \cdot dz\right) \cdot dr - \left(H_z + \frac{\partial H_z}{\partial r} \cdot dr\right) \cdot dz - H_r \cdot dr \quad (3.65)$$

$$\left(\oint \vec{H} \cdot d\vec{s} \right)_{\alpha=\text{const}} = H_z \cdot dz + H_r \cdot dr + \frac{\partial H_r}{\partial z} \cdot dr \cdot dz - H_z \cdot dz - \frac{\partial H_z}{\partial r} \cdot dr \cdot dz - H_r \cdot dr$$
$$\left(\oint \vec{H} \cdot d\vec{s} \right)_{\alpha=\text{const}} = \left(\frac{\partial H_r}{\partial z} - \frac{\partial H_z}{\partial r} \right) \cdot dr \cdot dz$$

Da die α-Komponente dA_α des Flächenelementes $d\vec{A}$ gleich ($dz \cdot dr$) ist, erhält man entsprechend (3.58) und (3.59) die α-Komponente der Vektoroperation *rot* $\vec{H}$ zu:

$$\text{rot}_\alpha\vec{H} = \frac{1}{dr \cdot dz} \cdot \left(\oint \vec{H} \cdot d\vec{s} \right)_{\alpha=\text{const}} = \frac{\partial H_r}{\partial z} - \frac{\partial H_z}{\partial r} \quad (3.66)$$

Die Gl. (3.62), (3.64) und (3.66) können unter Verwendung des Nabla-Operators ∇ in der folgenden Matrizenschreibweise zusammengefasst werden:

---

[16]Das Flächenelement kann angenähert als Rechteck angesehen werden.

$$\text{rot } \vec{H} = \nabla \times \vec{H} = \frac{1}{r} \begin{vmatrix} \vec{e}_r & r \cdot \vec{e}_\alpha & \vec{e}_z \\ \frac{\partial}{\partial r} & \frac{\partial}{\partial \alpha} & \frac{\partial}{\partial z} \\ H_r & r \cdot H_\alpha & H_z \end{vmatrix} \tag{3.67}$$

Nach den Rechenregeln für dreireihige Determinanten gilt [7] ($\vec{e}_x, \vec{e}_\alpha, \vec{e}_z$ = Einheitsvektoren):

$$\text{rot } \vec{H} = \nabla \times \vec{H} = \frac{1}{r}\vec{e}_r \left(\frac{\partial \vec{H}_z}{\partial \alpha} - \frac{\partial (r \cdot \vec{H}_\alpha)}{\partial z} \right) - \frac{1}{r}(r \cdot \vec{e}_\alpha)\left(\frac{\partial \vec{H}_z}{\partial r} - \frac{\partial \vec{H}_r}{\partial z} \right)$$
$$+ \frac{1}{r}\vec{e}_z \left(\frac{\partial (r \cdot \vec{H}_\alpha)}{\partial r} - \frac{\partial \vec{H}_r}{\partial \alpha} \right)$$

d. h.

$$\text{rot } \vec{H} = \nabla \times \vec{H} = \left(\frac{1}{r} \cdot \frac{\partial \vec{H}_z}{\partial \alpha} - \frac{\partial \vec{H}_\alpha}{\partial z} \right)\vec{e}_r + \left(\frac{\partial \vec{H}_r}{\partial z} - \frac{\partial \vec{H}_z}{\partial r} \right)\vec{e}_\alpha + \frac{1}{r}\left(\frac{\partial \left(r\vec{H}_\alpha\right)}{\partial r} - \frac{\partial \vec{H}_r}{\partial \alpha} \right)\vec{e}_z$$
$$\tag{3.68}$$

3.5.2　Beispiel: Rotation des Vektorfeldes eines unendlich langen Leiters

Am Beispiel des magnetischen Vektorfeldes, das in Abschn. 1.2.2 berechnet wurde, wird im Folgenden das Wesen der Vektoroperation Rotation näher beleuchtet.

Bei der Bildung der Rotation des Vektorfeldes der magnetischen Feldstärke wird an allen Punkten des Feldes berechnet, welchen Wert das Skalarprodukt aus Wegelement und Feldstärkevektor beim Umfahren des Flächenelementes besitzt. Ist das Ergebnis positiv, so ist die Richtung der Feldstärke im Mittel so ausgerichtet, wie der Umlauf des Flächenelementes erfolgte. Das Feld besitzt an diesem Ort einen Wirbel und nach dem Ampère'schen Gesetz ist an diesem Ort das Flächenelement von einer Stromdichte durchsetzt, deren Wert dem Wert der Rotation entspricht.

Das magnetische Feld des unendlich langen, stromdurchflossenen Leiters nach Abb. 3.19 besitzt nach (3.49) und (3.50) nur eine Komponente in α-Richtung, die zudem nur von der Koordinate r abhängig ist. Zur Berechnung von rot $\vec{H}$ muss deshalb nur Formel (3.64) und davon nur der Teil ausgewertet werden, der die partielle Ableitung der Komponente H_α nach r, d. h. $\partial H_\alpha / \partial r$ enthält.

$$\text{rot}_z \vec{H} = \frac{1}{r}\left(\frac{\partial (r \cdot H_\alpha)}{\partial r} \right) \tag{3.69}$$

Für das Innere des Leiters gilt (siehe (3.49)

$$H_{\alpha/in}(r) = \frac{I}{2 \cdot \pi} \cdot \frac{r}{r_0^2}$$

Damit erhält man mit (3.69)

$$\text{rot}_{z/in}\vec{H} = \frac{1}{r}\left[\frac{\partial}{\partial r}\left(r\cdot\frac{I}{2\cdot\pi}\cdot\frac{r}{r_0^2}\right)\right] = \frac{I}{2\cdot\pi\cdot r_0^2}\cdot\frac{1}{r}\left(\frac{\partial(r^2)}{\partial r}\right)$$

$$\text{rot}_{z/in}\vec{H} = \frac{I}{2\cdot\pi\cdot r_0^2}\cdot\frac{1}{r}\cdot(2\cdot r)$$

$$\text{rot}_{z/in}\vec{H} = \frac{I}{\pi\cdot r_0^2} = J_z$$

Dieses Ergebnis ist, wie zu erwarten war, die im gesamten Raum innerhalb des Leiters konstante Stromdichte. Für das Äußere des Leiters gilt (siehe (3.50))

$$H_{\alpha/aus}(r) = \frac{I}{2\cdot\pi}\cdot\frac{1}{r}$$

Mit (3.69) erhält man erwartungsgemäß

$$\text{rot}_{z/aus}\vec{H} = \frac{I}{2\cdot\pi}\cdot\frac{1}{r}\left(\frac{\partial(1)}{\partial r}\right) = 0$$

Die magnetischen Feldvektoren bilden konzentrische Kreise um die Achse des Leiters. Im Makroskopischen sind deshalb die Wirbel der magnetischen Feldstärke gut zu erkennen (siehe Abb. 3.2). Aber auch an einem infinitesimalen Flächenelement ist der Wirbel des magnetischen Feldes vorhanden.In Abb. 3.25 ist ein Flächenelement an der Stelle $r = r_1$ dargestellt. Es kann durch ein Trapez angenähert werden. Wenn sich das Flächenelement im Innern des Leiters befindet, muss das Umlaufintegral des Skalarproduktes aus den Feldstärkevektoren und den Wegelementen der Seiten des Flächenelementes, dividiert durch die Fläche des Flächenelementes, gleich der Stromdichte sein. Das magnetische Feld bildet in diesem Fall einen Wirbel und es muss gelten

$$H_\alpha(r_1 + dr)\cdot(r_1 + dr)\cdot d\alpha > H_\alpha(r_1)\cdot r_1\cdot d\alpha$$

Mit (3.49) wird dies anhand von Abb. 3.25 bestätigt.

Für die Fläche A_{Tr} des Flächenelementes, wenn es durch ein Trapez angenähert wird, gilt:

$$A_{Tr} = \frac{1}{2}\cdot[(r_1 + dr)\cdot d\alpha + r_1\cdot d\alpha]\cdot dr = \frac{1}{2}\cdot(r_1\cdot d\alpha + dr\cdot d\alpha + r_1\cdot d\alpha)\cdot dr$$

Abb. 3.25 Flächenelement des Leiterquerschnitts

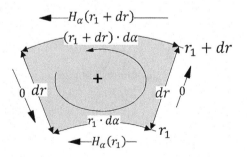

Das Produkt $(dr \cdot d\alpha)$ in der Summe kann vernachlässigt werden. Somit gilt[17]:

$$A_{Tr} = r_1 \cdot d\alpha \cdot dr \tag{3.70}$$

Nach (3.49) gilt für die magnetische Feldstärke innerhalb des Leiters:

$$H_{\alpha/in}(r) = \frac{I}{2 \cdot \pi} \cdot \frac{r}{r_0^2} = K \cdot r$$

K = Konstante

Wenn für $r = r_1$ bzw. $r = (r_1 + dr)$ eingesetzt wird, ist das Umlaufintegral des Skalarproduktes aus den Feldstärkevektoren und den Wegelementen der Seiten des Flächenelementes wie folgt zu berechnen (siehe Abb. 3.25):

$$
\begin{aligned}
\left(\oint \vec{H} \cdot d\vec{s}\right)_{z=const} &= K \cdot [(r_1 + dr) \cdot d\alpha \cdot (r_1 + dr) - r_1 \cdot d\alpha \cdot r_1] \\
&= K \cdot \left[r_1^2 \cdot d\alpha + r_1 \cdot dr \cdot d\alpha + r_1 \cdot dr \cdot d\alpha + dr^2 \cdot d\alpha - r_1^2 \cdot d\alpha\right] \\
&= K \cdot \left[2 \cdot r_1 \cdot dr \cdot d\alpha + dr^2 \cdot d\alpha\right]
\end{aligned}
$$

Der Summand $dr^2 \cdot d\alpha$ kann vernachlässigt werden:

$$\left(\oint \vec{H} \cdot d\vec{s}\right)_{z=const} = K \cdot [2 \cdot r_1 \cdot dr \cdot d\alpha]$$

$$\mathrm{rot}_{z/in}\vec{H} = \frac{1}{A_{Tr}} \cdot \left(\oint \vec{H} \cdot d\vec{s}\right)_{z=const} = \frac{K \cdot [2 \cdot r_1 \cdot dr \cdot d\alpha]}{r_1 \cdot d\alpha \cdot dr} = \frac{I}{2 \cdot \pi} \cdot \frac{1}{r_0^2} \cdot \frac{2 \cdot r_1 \cdot dr \cdot d\alpha}{r_1 \cdot d\alpha \cdot dr}$$

Damit gilt

$$\mathrm{rot}_{z/in}\vec{H} = \frac{I}{\pi \cdot r_0^2} = J_z$$

3.5.3 Vektoroperation rot $\vec{H}$ in kartesischen Koordinaten.

Im kartesischen Koordinatensystem steht die x-Komponente des Vektors rot $\vec{H}$ senkrecht auf der x-Komponente des Flächenelementes, das sich in der y–z-Ebene befindet ($x = const$, siehe Abb. 3.26). Für die Berechnung der Komponente $\mathrm{rot}_x \vec{H}$ muss dieses Flächenelement in Sinn einer Rechtsschraube umrundet werden.

Für das Umlaufintegral um das Rechteck in der y–z-Ebene gilt somit:

$$
\begin{aligned}
&\left(\oint \vec{H} \cdot d\vec{s}\right)_{x=const} \\
&= H_y \cdot dy + \left(H_z + \frac{\partial H_z}{\partial y} \cdot dy\right) \cdot dz - \left(H_y + \frac{\partial H_y}{\partial z} \cdot dz\right) \cdot dy - H_z \cdot dz
\end{aligned} \tag{3.71}
$$

$$
\begin{aligned}
&\left(\oint \vec{H} \cdot d\vec{s}\right)_{x=const} \\
&= H_y \cdot dy + H_z \cdot dz + \frac{\partial H_z}{\partial y} \cdot dy \cdot dz - H_y \cdot dy - \frac{\partial H_y}{\partial z} \cdot dz \cdot dy - H_z \cdot dz
\end{aligned}
$$

---

[17]Das Flächenelement kann folglich durch ein Rechteck angenähert werden.

Abb. 3.26 x-Komponente des Vektors rot$\vec{H}$

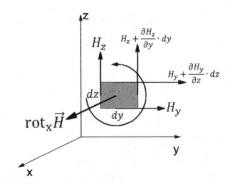

Somit gilt

$$\left(\oint \vec{H} \cdot d\vec{s}\right)_{x=\text{const}} = \left(\frac{\partial H_z}{\partial y} - \frac{\partial H_y}{\partial z}\right) \cdot dy \cdot dz$$

Damit erhält man entsprechend (3.58) und (3.59) für die x-Komponente des Vektors rot $\vec{H}$

$$\text{rot}_x\, \vec{H} = \frac{1}{dy \cdot dz} \cdot \oint \vec{H} \cdot d\vec{s} = \frac{\partial H_z}{\partial y} - \frac{\partial H_y}{\partial z} \tag{3.72}$$

Durch zyklische Vertauschung der Indices erhält man die beiden anderen Komponenten der Rotation:

$$\text{rot}_y\, \vec{H} = \frac{\partial H_x}{\partial z} - \frac{\partial H_z}{\partial x} \tag{3.73}$$

$$\text{rot}_z\, \vec{H} = \frac{\partial H_y}{\partial x} - \frac{\partial H_x}{\partial y} \tag{3.74}$$

Die drei Komponenten von rot $\vec{H}$ können unter Verwendung des Nabla-Operators ∇ in Form einer Matrix zusammengefasst werden:

$$\text{rot}\,\vec{H} = \nabla \times \vec{H} = \begin{vmatrix} \vec{e}_x & \vec{e}_y & \vec{e}_z \\ \frac{\partial}{\partial x} & \frac{\partial}{\partial y} & \frac{\partial}{\partial z} \\ H_x & H_y & H_z \end{vmatrix} \tag{3.75}$$

Nach den Rechenregeln für dreireihige Determinanten gilt [7] ($\vec{e}_x, \vec{e}_y, \vec{e}_z$ = Einheitsvektoren)

$$\text{rot}\,\vec{H} = \nabla \times \vec{H} = \vec{e}_x\left(\frac{\partial H_z}{\partial y} - \frac{\partial H_y}{\partial z}\right) - \vec{e}_y\left(\frac{\partial H_z}{\partial x} - \frac{\partial H_x}{\partial z}\right) + \vec{e}_z\left(\frac{\partial H_y}{\partial x} - \frac{\partial H_x}{\partial y}\right)$$

d. h.

$$\text{rot } \vec{H} = \nabla \times \vec{H} = \vec{e}_x \left(\frac{\partial H_z}{\partial y} - \frac{\partial H_y}{\partial z} \right) + \vec{e}_y \left(\frac{\partial H_x}{\partial z} - \frac{\partial H_z}{\partial x} \right) + \vec{e}_z \left(\frac{\partial H_y}{\partial x} - \frac{\partial H_x}{\partial y} \right)$$

(3.76)

3.5.4 Vektoroperation rot $\vec{H}$ im sphärischen Koordinatensystem

3.5.4.1 r-Komponente des Vektors rot $\vec{H}$

Umlaufintegral um das Rechteck in der Ebene $r = const$ (siehe Abb. 3.27):

$$\left(\oint \vec{H} \cdot d\vec{s} \right)_{r=const} = H_\vartheta \cdot r \cdot d\vartheta + \left(H_\alpha + \frac{\partial H_\alpha}{\partial \vartheta} \cdot d\vartheta \right) \cdot r \cdot \sin(\vartheta + d\vartheta) \cdot d\alpha \\ - \left(H_\vartheta + \frac{\partial H_\vartheta}{\partial \alpha} \cdot d\alpha \right) \cdot r \cdot d\vartheta - H_\alpha \cdot r \cdot \sin\vartheta \cdot d\alpha$$

(3.77)

$$\left(\oint \vec{H} \cdot d\vec{s} \right)_{r=const} = H_\vartheta \cdot r \cdot d\vartheta + H_\alpha \cdot r \cdot \sin(\vartheta + d\vartheta) \cdot d\alpha \\ + \frac{\partial H_\alpha}{\partial \vartheta} \cdot d\vartheta \cdot r \cdot \sin(\vartheta + d\vartheta) \cdot d\alpha - H_\vartheta \cdot r \cdot d\vartheta \\ - \frac{\partial H_\vartheta}{\partial \alpha} \cdot d\alpha \cdot r \cdot d\vartheta - H_\alpha \cdot r \cdot \sin\vartheta \cdot d\alpha$$

Mit der Beziehung

$$\sin(x + y) = \sin x \cdot \cos y + \cos x \cdot \sin y$$

erhält man

$$\left(\oint \vec{H} \cdot d\vec{s} \right)_{r=const} = H_\alpha \cdot r \cdot (\sin\vartheta \cdot \cos\partial\vartheta + \cos\vartheta \cdot \sin\partial\vartheta) \cdot d\alpha \\ + \frac{\partial H_\alpha}{\partial \vartheta} \cdot d\vartheta \cdot r \cdot (\sin\vartheta \cdot \cos\partial\vartheta + \cos\vartheta \cdot \sin\partial\vartheta) \cdot d\alpha \\ - \frac{\partial H_\vartheta}{\partial \alpha} \cdot d\alpha \cdot r \cdot d\vartheta - H_\alpha \cdot r \cdot \sin\vartheta \cdot d\alpha$$

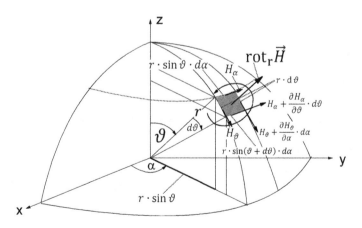

Abb. 3.27 r-Komponente des Vektors rot $\vec{H}$ im sphärischen Koordinatensystem

$$\left(\oint \vec{H} \cdot d\vec{s}\right)_{r=\text{const}} = H_\alpha \cdot r \cdot (\sin\vartheta \cdot \cos\partial\vartheta) \cdot d\alpha + H_\alpha \cdot r \cdot (\cos\vartheta \cdot \sin\partial\vartheta) \cdot d\alpha$$
$$+ \frac{\partial H_\alpha}{\partial\vartheta} \cdot d\vartheta \cdot r \cdot (\sin\vartheta \cdot \cos\partial\vartheta) \cdot d\alpha + \frac{\partial H_\alpha}{\partial\vartheta} \cdot d\vartheta \cdot r \cdot (\cos\vartheta \cdot \sin\partial\vartheta) \cdot d\alpha$$
$$- \frac{\partial H_\vartheta}{\partial\alpha} \cdot d\alpha \cdot r \cdot d\vartheta - H_\alpha \cdot r \cdot \sin\vartheta \cdot d\alpha$$

Da $(\cos\partial\vartheta)$ für kleine Werte von $\partial\vartheta$ gegen 1 strebt und die Sinusfunktion für kleine Winkel durch ihr Argument ersetzt werden kann, d. h. $(\sin\partial\vartheta = \partial\vartheta)$, gilt:

$$\left(\oint \vec{H} \cdot d\vec{s}\right)_{r=\text{const}} =$$
$$H_\alpha \cdot r \cdot \cos\vartheta \cdot d\vartheta \cdot d\alpha + \frac{\partial H_\alpha}{\partial\vartheta} \cdot d\vartheta \cdot r \cdot (\sin\vartheta \cdot 1) \cdot d\alpha \qquad (3.78)$$
$$+ \frac{\partial H_\alpha}{\partial\vartheta} \cdot d\vartheta \cdot r \cdot (\cos\vartheta \cdot \partial\vartheta) \cdot d\alpha - \frac{\partial H_\vartheta}{\partial\alpha} \cdot d\alpha \cdot r \cdot d\vartheta$$

Der Ausdruck

$$\frac{\partial H_\alpha}{\partial\vartheta} \cdot d\vartheta \cdot r \cdot \cos\vartheta \cdot \partial\vartheta \cdot d\alpha$$

kann gegenüber dem Ausdruck

$$H_\alpha \cdot r \cdot \cos\vartheta \cdot d\vartheta \cdot d\alpha$$

vernachlässigt werden. Somit geht (3.78) über in folgende Gleichung:

$$\left(\oint \vec{H} \cdot d\vec{s}\right)_{r=\text{const}} = H_\alpha \cdot r \cdot \cos\vartheta \cdot d\vartheta \cdot d\alpha + \frac{\partial H_\alpha}{\partial\vartheta} \cdot d\vartheta \cdot r \cdot \sin\vartheta \cdot d\alpha - \frac{\partial H_\vartheta}{\partial\alpha} \cdot d\alpha \cdot r \cdot d\vartheta$$
$$\left(\oint \vec{H} \cdot d\vec{s}\right)_{r=\text{const}} = \left(H_\alpha \cdot \cos\vartheta + \frac{\partial H_\alpha}{\partial\vartheta} \cdot \sin\vartheta - \frac{\partial H_\vartheta}{\partial\alpha}\right) \cdot r \cdot d\vartheta \cdot d\alpha$$
$$\left(\oint \vec{H} \cdot d\vec{s}\right)_{r=\text{const}} = \left(\frac{\partial}{\partial\vartheta}(\sin\vartheta \cdot H_\alpha) - \frac{\partial H_\vartheta}{\partial\alpha}\right) \cdot r \cdot d\vartheta \cdot d\alpha$$

Die trapezförmige, schraffierte Fläche in Abb. 3.27 kann, da $d\vartheta$ sehr klein ist, durch eine rechteckige Fläche angenähert werden. Damit erhält man entsprechend (3.58) und (3.59) für die r-Komponente:

$$\text{rot}_r\vec{H} = \frac{1}{(r\cdot\sin\vartheta\cdot d\alpha)\cdot(r\cdot d\vartheta)} \cdot \left(\oint \vec{H} \cdot d\vec{s}\right)_{r=\text{const}}$$
$$= \frac{1}{(r\cdot\sin\vartheta\cdot d\alpha)\cdot(r\cdot d\vartheta)} \cdot \left(\frac{\partial}{\partial\vartheta}(\sin\vartheta \cdot H_\alpha) - \frac{\partial H_\vartheta}{\partial\alpha}\right) \cdot r \cdot d\vartheta \cdot d\alpha$$

$$\text{rot}_r\vec{H} = \frac{1}{r\cdot\sin\vartheta} \cdot \left(\frac{\partial}{\partial\vartheta}(\sin\vartheta \cdot H_\alpha) - \frac{\partial H_\vartheta}{\partial\alpha}\right) \qquad (3.79)$$

3.5.4.2 ϑ-Komponente des Vektors rot $\vec{H}$

Umlaufintegral um das Rechteck in der Ebene $\vartheta = const$ (siehe Abb. 3.28):

$$\left(\oint \vec{H} \cdot d\vec{s}\right)_{\vartheta=\text{const}} = H_\alpha \cdot r \cdot \sin\vartheta \cdot d\alpha + \left(H_r + \frac{\partial H_r}{\partial\alpha} \cdot d\alpha\right) \cdot dr$$
$$- \left(H_\alpha + \frac{\partial H_\alpha}{\partial r} \cdot dr\right) \cdot (r + dr) \cdot \sin\vartheta \cdot d\alpha \qquad (3.80)$$
$$- H_r \cdot dr$$

Abb. 3.28 ϑ-Komponente des Vektors rot$\vec{H}$ im sphärischen Koordinatensystem.

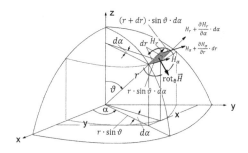

$$\left(\oint \vec{H} \cdot d\vec{s}\right)_{\vartheta=\text{const}} = H_\alpha \cdot r \cdot \sin\vartheta \cdot d\alpha + H_r \cdot dr + \frac{\partial H_r}{\partial\alpha} \cdot d\alpha \cdot dr$$
$$- H_\alpha \cdot (r+dr) \cdot \sin\vartheta \cdot d\alpha - \frac{\partial H_\alpha}{\partial r} \cdot dr \cdot (r+dr) \cdot \sin\vartheta \cdot d\alpha$$
$$- H_r \cdot dr$$

$$\left(\oint \vec{H} \cdot d\vec{s}\right)_{\vartheta=\text{const}} = H_\alpha \cdot r \cdot \sin\vartheta \cdot d\alpha + \frac{\partial H_r}{\partial\alpha} \cdot d\alpha \cdot dr$$
$$- H_\alpha \cdot r \cdot \sin\vartheta \cdot d\alpha - H_\alpha \cdot dr \cdot \sin\vartheta \cdot d\alpha$$
$$- \frac{\partial H_\alpha}{\partial r} \cdot dr \cdot r \cdot \sin\vartheta \cdot d\alpha$$
$$- \frac{\partial H_\alpha}{\partial r} \cdot dr \cdot dr \cdot \sin\vartheta \cdot d\alpha$$

Der Summand $\left(\frac{\partial H_\alpha}{\partial r} \cdot dr \cdot dr \cdot \sin\vartheta \cdot d\alpha\right)$ ist gegenüber dem Summanden $\left(\frac{\partial H_\alpha}{\partial r} \cdot r \cdot dr \cdot \sin\vartheta \cdot d\alpha\right)$ zu vernachlässigen, d. h.

$$\left(\oint \vec{H} \cdot d\vec{s}\right)_{\vartheta=\text{const}} = \frac{\partial H_r}{\partial\alpha} \cdot d\alpha \cdot dr - H_\alpha \cdot dr \cdot \sin\vartheta \cdot d\alpha - \frac{\partial H_\alpha}{\partial r} \cdot dr \cdot r \cdot \sin\vartheta \cdot d\alpha$$

Damit erhält man entsprechend (3.58) und (3.59) für die ϑ-Komponente

$$\text{rot}_\vartheta \vec{H} = \frac{1}{r\cdot\sin\vartheta\cdot d\alpha\cdot dr} \cdot \left(\oint \vec{H} \cdot d\vec{s}\right)_{\vartheta=const}$$
$$= \frac{1}{r\cdot\sin\vartheta} \cdot \frac{\partial H_r}{\partial\alpha} - \frac{1}{r}H_\alpha - \frac{\partial H_\alpha}{\partial r}$$
$$= \frac{1}{r\cdot sin\vartheta} \cdot \left(\frac{\partial H_r}{\partial\alpha} - H_\alpha \cdot \sin\vartheta - \frac{\partial H_\alpha}{\partial r} \cdot r \cdot \sin\vartheta\right)$$

Somit gilt Abb. 3.29:

$$\text{rot}_\vartheta \vec{H} = \frac{1}{r\cdot\sin\vartheta} \cdot \left(\frac{\partial H_r}{\partial\alpha} - \frac{\partial}{\partial r}(r\cdot\sin\vartheta \cdot H_\alpha)\right) \tag{3.81}$$

3.5.4.3 α-Komponente des Vektors rot $\vec{H}$

Umlaufintegral um das Rechteck in der Ebene $\alpha = const$ siehe (siehe Abb. 3.29):

$$\left(\oint \vec{H} \cdot d\vec{s}\right)_{\alpha=\text{const}} = H_r \cdot dr + \left(H_\vartheta + \frac{\partial H_\vartheta}{\partial r} \cdot dr\right) \cdot (r+dr) \cdot d\vartheta$$
$$- \left(H_r + \frac{\partial H_r}{\partial\vartheta} \cdot d\vartheta\right) \cdot dr - H_\vartheta \cdot r \cdot d\vartheta \tag{3.82}$$

Abb. 3.29 α-Komponente des
Vektors rot$\vec{H}$ im sphärischen
Koordinatensystem

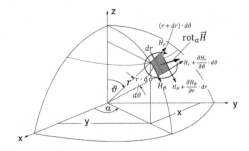

$$\left(\oint \vec{H} \cdot d\vec{s}\right)_{\alpha=\text{const}} = H_r \cdot dr$$
$$+ H_\vartheta \cdot r \cdot d\vartheta + H_\vartheta \cdot dr \cdot d\vartheta + \frac{\partial H_\vartheta}{\partial r} \cdot dr \cdot r \cdot d\vartheta + \frac{\partial H_\vartheta}{\partial r} \cdot dr \cdot dr \cdot d\vartheta$$
$$- H_r \cdot dr - \frac{\partial H_r}{\partial \vartheta} \cdot d\vartheta \cdot dr$$
$$- H_\vartheta \cdot r \cdot d\vartheta$$

Der Ausdruck

$$\frac{\partial H_\vartheta}{\partial r} \cdot dr \cdot dr \cdot d\vartheta$$

kann gegenüber dem Ausdruck

$$\frac{\partial H_\vartheta}{\partial r} \cdot dr \cdot r \cdot d\vartheta$$

vernachlässigt werden.

$$\left(\oint \vec{H} \cdot d\vec{s}\right)_{\alpha=\text{const}} = H_\vartheta \cdot dr \cdot d\vartheta + \frac{\partial H_\vartheta}{\partial r} \cdot dr \cdot r \cdot d\vartheta - \frac{\partial H_r}{\partial \vartheta} \cdot d\vartheta \cdot dr$$
$$\text{rot}_\alpha \vec{H} = \frac{1}{r \cdot d\vartheta \cdot dr} \cdot \oint \vec{H} \cdot d\vec{s} = \frac{1}{r \cdot d\vartheta \cdot dr} \cdot \left(H_\vartheta \cdot dr \cdot d\vartheta + \frac{\partial H_\vartheta}{\partial r} \cdot dr \cdot r \cdot d\vartheta - \frac{\partial H_r}{\partial \vartheta} \cdot d\vartheta \cdot dr\right)$$

Somit gilt:

$$\text{rot}_\alpha \vec{H} = \frac{1}{r}\left(H_\vartheta + r \cdot \frac{\partial H_\vartheta}{\partial r} - \frac{\partial H_r}{\partial \vartheta}\right)$$

bzw.

$$\text{rot}_\alpha \vec{H} = \frac{1}{r} \cdot \left(\frac{\partial}{\partial r}(r \cdot H_\vartheta) - \frac{\partial H_r}{\partial \vartheta}\right) \tag{3.83}$$

Die drei Komponenten von rot$\vec{H}$ können unter Verwendung des Nabla-Operators ∇ in
Form einer Matrix zusammengefasst werden:

$$\text{rot}\,\vec{H} = \nabla \times \vec{H} = \frac{1}{r^2 \cdot \sin\vartheta}\begin{vmatrix} \vec{e}_r & r \cdot \vec{e}_\vartheta & r \cdot \sin\vartheta \cdot \vec{e}_\alpha \\ \frac{\partial}{\partial r} & \frac{\partial}{\partial \vartheta} & \frac{\partial}{\partial \alpha} \\ H_r & r \cdot H_\vartheta & r \cdot \sin\vartheta \cdot H_\alpha \end{vmatrix} \tag{3.84}$$

Nach den Rechenregeln für dreireihige Determinanten gilt [7] ($\vec{e}_x, \vec{e}_y, \vec{e}_z$ = Einheitsvektoren):

$$\mathrm{rot}\vec{H} = \nabla \times \vec{H} =$$

$$\frac{1}{r^2 \cdot \sin\vartheta} \cdot \left[\vec{e}_r \left(\frac{\partial(r \cdot \sin\vartheta \cdot H_\alpha)}{\partial\vartheta} - \frac{\partial(r \cdot H_\vartheta)}{\partial\alpha} \right) - r \cdot \vec{e}_\vartheta \left(\frac{\partial(r \cdot \sin\vartheta \cdot H_\alpha)}{\partial r} - \frac{\partial H_r}{\partial\alpha} \right) + \vec{e}_\alpha \right.$$
$$\left. \cdot (r \cdot \sin\vartheta \cdot)\left(\frac{\partial(r \cdot H_\vartheta)}{\partial r} - \frac{\partial H_r}{\partial\vartheta} \right) \right]$$

d. h.

$$\mathrm{rot}\, \vec{H} = \nabla \times \vec{H} = \frac{1}{r \cdot \sin\vartheta} \cdot \left(\frac{\partial(\sin\vartheta \cdot H_\alpha)}{\partial\vartheta} - \frac{\partial H_\vartheta}{\partial\alpha} \right)\vec{e}_r + \frac{1}{r}$$
$$\cdot \left(\frac{1}{\sin\vartheta} \cdot \frac{\partial H_r}{\partial\alpha} - \frac{\partial(r \cdot H_\alpha)}{\partial r} \right)\vec{e}_\vartheta + \frac{1}{r} \cdot \left(\frac{\partial(r \cdot H_\vartheta)}{\partial r} - \frac{\partial H_r}{\partial\vartheta} \right)\vec{e}_\alpha \tag{3.85}$$

Es ist somit zu beachten, dass die Vektoroperation $\mathrm{rot}\vec{H} = \nabla \times \vec{H}$ je nach Koordinatensystem eine andere Form hat.

3.5.5 Rechenregeln der Vektoranalysis

In diesem Abschnitt sind einige Rechenregeln der Vektoranalysis zusammengestellt, die in den folgenden Abschnitten benötigt werden. Sie können mit den Regeln der Differentialrechnung hergeleitet werden.

$$\mathrm{rot}\,\mathrm{grad}\,\varphi = 0 \tag{3.86}$$

$$\mathrm{div}\,\mathrm{rot}\,\vec{V} = 0 \tag{3.87}$$

$$\mathrm{rot}\,\mathrm{rot}\,\vec{V} = \mathrm{grad}\,\mathrm{div}\,\vec{V} - \nabla^2 \vec{V} \tag{3.88}$$

$$\mathrm{div}\,(\vec{V} \times \vec{B}) = \vec{B} \cdot \mathrm{rot}\,\vec{V} - \vec{V} \cdot \mathrm{rot}\,\vec{B} \tag{3.89}$$

Die Gl. (3.86) bis (3.89) sind im Anhang verifiziert.

In Gl. (3.88) ist der sogenannte Nabla-Operator ∇ bzw. sein Quadrat ∇^2 verwendet. Beide Operatoren sind symbolische Operatoren, mit denen die Schreibweise in den Berechnungen der Vektoranalysis vereinfacht werden kann.

Mit dem Nabla-Operator ∇ können die Operationen grad, div bzw. rot wie folgt ersetzt werden [1]:

$$\mathrm{grad}\,\varphi = \nabla\varphi$$
$$\mathrm{div}\,\vec{V} = \nabla \cdot \vec{V}$$
$$\mathrm{rot}\,\vec{V} = \nabla \times \vec{V}$$

Die zweifache Anwendung des Nabla-Operators $\nabla^2 \vec{V}$ auf ein Vektorfeld ist in kartesischen Koordinaten wie folgt erklärt (Siehe Potentialgleichung (2.48)):

$$\nabla^2 \vec{V} = \left(\nabla^2 V_x\right) \cdot \vec{e}_x + \left(\nabla^2 V_y\right) \cdot \vec{e}_y + \left(\nabla^2 V_z\right) \cdot \vec{e}_z \qquad (3.90)$$

3.6   Das magnetische Vektorpotential

Die Einführung der Potentiale erweist sich u. a. als zweckmäßig für die Lösung der Maxwell'schen Gleichungen. Potentiale werden verwendet, um diese Gleichungen zu entkoppeln und sie dadurch leichter lösbar zu machen. Sie sind mathematische Hilfsgrößen, denen im Unterschied zu den magnetischen und elektrischen Feldern keine Realität im physikalischen Sinn zukommt. Während des skalare Potential, wie in Abschn. 1.3 ausgeführt, nur für Bereiche, in denen die Stromdichte gleich Null ist, Anwendung finden kann, ist das magnetische Vektorpotential bei der Berechnung von Feldern im Innern von stromführenden Leitern aber auch bei Problemen der Wellenausbreitung bei denen die magnetische Wirkung von Verschiebungsströmen[18] Einfluss hat, von Bedeutung. Ausgangspunkt für die Einführung des magnetischen Vektorpotentials ist (3.59):

$$\mathrm{rot}\,\vec{H} = \vec{J}$$

bzw.

$$\mathrm{rot}\,\vec{B} = \mu \cdot \vec{J}$$

Zwischen der Durchflutung Θ, d. h. zwischen dem mit der Fläche $\vec{A}$ verkettete Strom und der Stromdichte $\vec{J}$ besteht der folgende Zusammenhang:

$$\Theta = \iint_A \vec{J} \cdot d\vec{A} \qquad (3.91)$$

Mit (3.59) geht (3.91) über in folgende Gleichung:

$$\Theta = \iint_A \mathrm{rot}\vec{H} \cdot d\vec{A} \qquad (3.92)$$

Nach (3.45) ist das Linienintegral über die geschlossen Kontur C gleich der DurchflutungΘ, d. h. gleich dem Strom$I$, der diese Kontur durchströmt, bzw. mit ihr verkettet ist:

---

[18]Bzgl. Verschiebungsstrom siehe Abschn. 4.5.

$$\oint_C \vec{H} \cdot d\vec{s} = \Theta$$

Damit nimmt (3.92) die folgende Form an:

$$\oint_C \vec{H} \cdot d\vec{s} = \iint_A \text{rot}\vec{H} \cdot d\vec{A} \qquad (3.93)$$

Gl. (3.93) ist der Satz von Stokes[19]. Er gilt allgemein für Vektorfelder.

Aussage des Satzes von Stokes:

Das Linienintegral eines Vektorfeldes entlang einer Kontur C ist gleich dem Flächenintegral der Rotation dieses Vektorfeldes, gebildet über die von der Kontur C aufgespannten Fläche A.

Im Gegensatz zum statischen elektrischen Feld ist das magnetische Feld quellenfrei. Die magnetischen Feldlinien sind in sich geschlossen. Infolgedessen existieren keine magnetischen Ladungen, die den elektrischen Ladungen als Quellen der elektrischen Feldlinien entsprechenden, sodass gilt:

$$\text{div } \vec{H} = 0 \qquad (3.94)$$

Indem man ein neues Vektorfeld $\vec{A}$ einführt[20], kann unter dieser Voraussetzung mit

$$\text{div rot } \vec{A} = 0$$

entsprechend (3.87) der folgende Ansatz gemacht werden:

$$\text{div } \vec{H} = \text{div rot } \vec{A} = 0$$
$$\text{bzw.}$$
$$\text{div } \vec{B} = \mu \cdot \text{div rot } \vec{A} = 0 \qquad (3.95)$$

Das Vektorfeld $\vec{A}$ trägt die Bezeichnung magnetisches Vektorpotential. Nach (3.95) gilt damit für den Zusammenhang zwischen magnetischer Feldstärke und Vektorpotential:

$$\text{div}\vec{B} = \text{div rot } \vec{A} = 0$$

und damit:

$$\text{rot } \vec{A} = \vec{B} = \mu \cdot \vec{H} \qquad (3.96)$$

---

[19]Sir Stokes, Gabriel, Britischer Physiker und Mathematiker, *1819, †1903.

[20]Für das Vektorpotential wird die gleiche Bezeichnung $\vec{A}$ verwendet wie für den Flächenvektor, der ebenfalls mit $\vec{A}$ bezeichnet ist. Aus dem Zusammenhang geht stets eindeutig hervor, was im konkreten Fall unter dem Vektor $\vec{A}$ zu verstehen ist, so dass es zu keiner Verwechselung kommt.

Mit dem Ampère´sche Gesetz (3.59)

$$\text{rot } \vec{H} = \vec{J}$$

erhält man den Zusammenhang zwischen Vektorpotential und Stromdichte:

$$\text{rot rot } \vec{A} = \mu \cdot \vec{J} \qquad (3.97)$$

Mit (3.88)

$$\text{rot rot } \vec{V} = \text{grad div } \vec{V} - \nabla^2 \vec{V}$$

erhält man die Beziehung:

$$\mu \cdot \vec{J} = \text{grad div } \vec{A} - \nabla^2 \vec{A} \qquad (3.98)$$

Gl. (3.98) enthält den Ausdruck div $\vec{A}$. Die Divergenz des Vektorpotentials wurde noch nicht festgelegt und kann frei gewählt werden. Setzt man

$$\text{div } \vec{A} = 0 \qquad (3.99)$$

vereinfacht sich (3.98) zu:

$$\nabla^2 \vec{A} = -\mu \cdot \vec{J} \qquad (3.100)$$

Für die Komponenten der Stromdichte $\vec{J}$ gilt:

$$\begin{aligned} \nabla^2 A_x &= -\mu \cdot J_x \\ \nabla^2 A_y &= -\mu \cdot J_y \\ \nabla^2 A_z &= -\mu \cdot J_z \end{aligned} \qquad (3.101)$$

Gl. (3.100) ist die Potentialgleichung des magnetischen Vektorpotentials für den mit Raumladung behafteten Raum: Sie ist die zur Poisson-Gleichung (2.48)

$$\nabla^2 \varphi = -\frac{\varrho}{\varepsilon}$$

analoge Beziehung. Jede der drei Komponentengleichungen in (3.101) ist eine analoge Gleichung zu (2.48), wobei an die Stelle des Quotienten ϱ/ε die entsprechende Komponente der Stromdichte multipliziert mit der Permeabilität μ zu setzen ist.

Ist im gesamten Raum die Ladungsdichte ϱ bekannt und ist die Permittivität ε im Raum als konstant anzusehen, so gilt nach (2.36) für das elektrische Skalarpotential (siehe auch Abb. 2.17):

$$\varphi(\vec{r}) = \frac{1}{4 \cdot \pi \cdot \varepsilon} \iiint\limits_{V} \varrho(\vec{r}_V) \cdot \frac{dV}{|\vec{r} - \vec{r}_V|}$$

Aus der Analogie von (3.100) mit (2.48) folgt im Analogieschluss mit dieser Gleichung für die Komponenten des Vektorpotentials im kartesischen Koordinatensystem (siehe Abb. 3.30):

Abb. 3.30 Vektorpotential in einem Stromdichte behafteten Raum

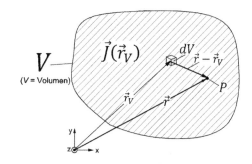

$$A_x = \frac{\mu}{4 \cdot \pi} \iiint\limits_V J_x(\vec{r}_V) \cdot \frac{dV}{|\vec{r} - \vec{r}_V|}$$
$$A_y = \frac{\mu}{4 \cdot \pi} \iiint\limits_V J_y(\vec{r}_V) \cdot \frac{dV}{|\vec{r} - \vec{r}_V|} \qquad (3.102)$$
$$A_z = \frac{\mu}{4 \cdot \pi} \iiint\limits_V J_z(\vec{r}_V) \cdot \frac{dV}{|\vec{r} - \vec{r}_V|}$$

Gl. (3.102) ist die Lösung von (3.100). Die Integration ist über die Stromdichte im gesamten Raum V bzw. über alle stromführenden Leiter in diesem Raumauszuführen. Die Gl. (3.102) können in folgender Gleichung zusammengefasst werden:

$$\vec{A}(\vec{r}) = \frac{\mu}{4 \cdot \pi} \iiint\limits_V \frac{\vec{J}(\vec{r}_V)}{|\vec{r} - \vec{r}_V|} dV \qquad (3.103)$$

Der Ansatz (3.103) erfüllt, wie man nachweisen kann[21], (3.99), d. h.

$$\mathrm{div}\,\vec{A} = 0 \qquad (3.104)$$

3.7 Das Gesetz von Biot-Savart

Das Gesetz von Biot und Savart[22] gibt an, wie die magnetische Feldstärke zu berechnen ist, die im Punkt P des Raumes von einer dünnen Leiterschleife, in der ein Strom I fließt, erzeugt wird. Ausgangspunkt für die Herleitung des Gesetzes ist ein vom Strom I durchflossenes Leiterstück mit sehr geringem Querschnitt A und geringer Länge ds. Man bezeichnet ein derartiges Leiterstück als Elementarleiter. Man kann sich einen derartigen Elementarleiter als infinitesimal kleinen Ausschnitt der Leiterschleife vorstellen. In Abb. 3.31 ist, ohne die Allgemeingültigkeit einzuschränken, angenommen, dass der Elementarleiter im Ursprung des kartesischen Koordinatensystems angeordnet und in der x–y-Ebene in positiver x-Richtung orientiert ist.

---

[21]Siehe [3] Seite 197.
[22]Biot, Jean-Baptiste, französischer Physiker und Astronom, *1774, †1862.
Savart, Félix, französischer Physiker, *1791, †1841.

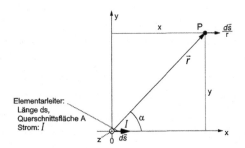

Abb. 3.31 Stromdurchflossener Elementarleiter

Ist A der Querschnitt des Elementarleiters, $\vec{ds}$ der Vektor des Längenelementes und I der Strom im Leiter, so gilt für die Stromdichte $\vec{J}$:

$$\vec{J} = \frac{I}{A} \cdot \frac{\vec{ds}}{ds} \tag{3.105}$$

Für das Volumenelement dv des Elementarleiters gilt (A = Querschnittsfläche des Elementarleiters):

$$dv = A \cdot ds \tag{3.106}$$

Die magnetische Feldstärke $d\vec{H}$, die der Strom des Elementarleiters im Raum erzeugt, kann mit (3.96) in Verbindung mit (3.103) berechnet werden. Da sich das Stromelement im Ursprung des Koordinatensystems befindet, ist $\vec{r}_v = 0$. Für den Elementarleiter der Länge ds ist die Integration nur entlang des Elementarleiters durchzuführen. Mit (3.103), (3.105), (3.106) und (3.96)

$$\text{rot } \vec{A} = \mu \cdot \vec{H}$$

erhält man für die magnetische Feldstärke, die das Leiterstück der Länge ds hervorruft:

$$d\vec{H} = \frac{1}{4 \cdot \pi} \cdot \text{rot}\left(\iiint_V \frac{\vec{J}}{r} dv \right) = \frac{1}{4 \cdot \pi} \cdot \text{rot}\left(\int_0^{ds} \frac{I}{A} \cdot \frac{\vec{ds}}{ds} \cdot \frac{1}{r} \cdot A \cdot ds \right)$$

bzw.

$$d\vec{H} = \frac{I}{4 \cdot \pi} \cdot \text{rot}\left(\frac{\vec{ds}}{r} \right) \tag{3.107}$$

Der Vektor $\vec{ds}/r$ in (3.107) besitzt entsprechend Abb. 3.31 nur eine Koordinate in x-Richtung, die von der z-Koordinate unabhängig ist.

Somit sind die x- und y-Komponenten der Rotation entsprechend der Gl. (3.72) und (3.73) gleich Null:

$$\text{rot}_x\left(\frac{ds}{r} \right) = 0$$

und

$$\mathrm{rot}_y\left(\frac{ds}{r}\right) = 0$$

Für die z-Komponente gilt entsprechend (3.74):

$$\mathrm{rot}_z\left(\tfrac{ds}{r}\right) = -\frac{\partial}{\partial y}\left(\tfrac{ds}{r}\right) = -\frac{\partial}{\partial y}\left(\frac{ds}{\sqrt{x^2+y^2}}\right) = -\frac{\partial}{\partial y}\left(ds\cdot\left(x^2+y^2\right)^{-\frac{1}{2}}\right)$$

$$\mathrm{rot}_z\left(\tfrac{ds}{r}\right) = -ds\cdot\left(-\tfrac{1}{2}\cdot\left(x^2+y^2\right)^{-\frac{3}{2}}\cdot 2\cdot y\right) = \frac{y\cdot ds}{\left(\sqrt{x^2+y^2}\right)^3}$$

$$\mathrm{rot}_z\left(\tfrac{ds}{r}\right) = \frac{y\cdot ds}{r^3} = \frac{r\cdot\sin\alpha\cdot ds}{r^3}$$

Folglich gilt (siehe ((3.12) und Abb. 3.6):

$$\mathrm{rot}\left(\frac{d\vec{s}}{r}\right) = \frac{d\vec{s}\times\vec{r}}{r^3} \tag{3.108}$$

Damit geht (3.107) über in:

$$d\vec{H} = \frac{I}{4\cdot\pi}\cdot\frac{d\vec{s}\times\vec{r}}{r^3} \tag{3.109}$$

Die magnetische Feldstärke im Aufpunkt P wird nach (3.109) durch die Stromstärke und durch das Vektorprodukt des Wegelementes $d\vec{s}$ mit den Vektor $\vec{r}/r^3$, der zum Aufpunkt P zeigt, bestimmt. Der Betrag der magnetischen Feldstärke ist damit proportional zu $\left|\vec{r}/r^3\right|$ d. h. umgekehrt proportional zur r^2, d. h. umgekehrt proportional zum Quadrat des Abstandes zwischen Aufpunkt und Stromelement.

Für die Berechnung der magnetischen Feldstärke, die von der gesamtem, von Strom durchflossenen, geschlossenen Schleife im Aufpunkt P erzeugt wird, wobei der Ursprung des Koordinatensystems beliebig gewählt ist, muss (3.109) entsprechend modifiziert werden (siehe Abb. 3.32). Zunächst ist über die gesamte Stromschleife, die die Kontur C bildet, zu integrieren. Zudem ist anstelle des Vektors $\vec{r}$ im Zähler von (3.109) der Vektor $(\vec{r}-\vec{r}_C)$ und anstelle des Abstandes r im Nenner der Betrag $|\vec{r}-\vec{r}_C|$ zu setzen.

$$\vec{H}(\vec{r}) = \frac{I}{4\cdot\pi}\cdot\oint\limits_C \frac{d\vec{s}\times(\vec{r}-\vec{r}_C)}{|\vec{r}-\vec{r}_C|^3} \tag{3.110}$$

Gl. (3.110) bezeichnet man als Gesetz von Biot-Savart.

Abb. 3.32 Zum Gesetz von Biot-Savart

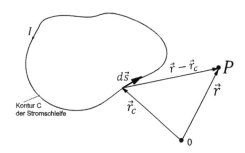

Zeitveränderliche elektrische und magnetische Felder

Die Gegenstände der vorangehenden, drei einführenden Kapitel waren das Strömungsfeld des Gleichstroms und statische, d. h zeitunabhängige elektrische und magnetische Felder. Entscheidend für die Ausbreitung elektromagnetischer Wellen ist jedoch die Zeitabhängigkeit dieser Felder.

Im Folgenden wird zunächst ausgehend von Kap. 3 der Einschaltvorgang einer Induktivität behandelt und darauf aufbauend die Gleichung für die Energiedichte des magnetischen Feldes hergeleitet. Im Zentrum des folgenden Kapitels steht dann das Induktionsgesetz bzw. die zweite Maxwell´sche Gleichung. Aufbauend auf Kap. 2 wird die Kontinuitätsgleichung formuliert und in Verbindung damit der Verschiebungsstrom. Die Einführung des Verschiebungsstromes ist das Verdienst Maxwells. Obwohl mit den ihm zur Verfügung stehenden Messmitteln ein Nachweis des magnetischen Feldes des Verschiebungsstromes nicht möglich war, postulierte er die Existenz des Verschiebungsstroms. Die Einführung des Verschiebungsstroms war notwendig, da ohne den Verschiebungsstrom das Ampère´sche Gesetz für einen offenen Wechselstromkreis keine Gültigkeit besitzt.

4.1 Die Induktivität

In elektrischen Schaltungen werden Spulen in unterschiedlichen Ausführungen für vielfältige Aufgaben eingesetzt. In Abb. 4.1 ist ein einfacher Schaltkreis dargestellt, in dem eine Spule L und ein Widerstand R mit einer Gleichspannungsquelle U_0 und einem Schalter S in Reihe geschaltet sind. Der Stromverlauf $i(t)$ kann aufgrund des Ohm´schen Gesetzes

$$i(t) = \frac{u_r(t)}{R}$$

J. Donnevert, *Die Maxwell'schen Gleichungen*, https://doi.org/10.1007/978-3-658-31967-0_4

Abb. 4.1 Stromverlauf in
einer Spule

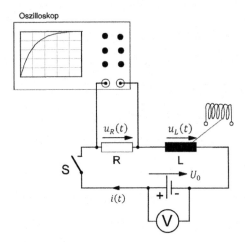

Wird der Schalter S zum Zeitpunkt $t = 0$ geschlossen, beginnt ein Strom $i(t)$ zu fließen. Wie die Messung zeigt, steigt der Strom $i(t)$ nicht schlagartig auf seinen Endwert an. Er erreicht erst nach einer endlichen Zeit seinen Endwert, der durch den ohmschen Widerstand des Stromkreises und der Spule und die Spannung U_0 der Stromquelle bestimmt wird. Entsprechend (3.43) ist der magnetische Fluss, der im vorliegenden Fall zeitabhängig ist, proportional zum Strom $i(t)$, der mit den Windungen der Spule verkettet ist:

$$\Phi_{verk}(t) = L \cdot i(t) \tag{4.1}$$

mit dem Oszilloskop vermessen werden.

In (4.1) ist L der Proportionalitätsfaktor zwischen dem magnetischen Fluss innerhalb der Spule und dem ihn erzeugenden Strom. Er wird als Induktivität der Spule bezeichnet. Meist wird die Spule auch selbst als Induktivität bezeichnet. Der Wert der Induktivität ist abhängig von der Form der Spule, der Anzahl der Windungen und von der relativen Permeabilität des Materials im Spulenkern. Die Einheit der Induktivität ist Henry[1] (Formelzeichen H). Nach (4.1) in Verbindung mit (3.6) gilt für die Einheit der Induktivität:

$$\text{Einheit}(L) = \frac{V \cdot s}{A} = H$$

Nach (3.22) ist die Spannung u_L an den Klemmen der Spule bzw. Induktivität gleich der zeitlichen Änderung des magnetischen Flusses, der mit den Windungen der Spule verkettet ist. Im vorliegenden Fall kommt die zeitliche Änderung des verketten magnetischen Flusses nicht durch eine Bewegung der Leiterschleifen im Magnetfeld zustande, sondern durch die zeitliche Änderung des elektrischen Stromes $i(t)$ in den Wicklungen der Induktivität L. Da die Stromstärke zum Zeitpunkt des Schließens des

---

[1]Henry, Joseph, amerikanischer Physiker, *1797, †1878.

Schalters S, d. h. zum Zeitpunkt $t = 0$, $i(t) = 0$ ist, muss an den Klemmen der Spule L zu diesem Zeitpunkt die Spannung $u_L(t) = U_0$ sein. Danach steigt, wie die Messung zeigt, der Strom nach einer bestimmten Zeitfunktion an und folglich sinkt die Spannung an der Induktivität.

Nach (4.1) in Verbindung mit (3.22) gilt für die an der Spule anliegenden Spannung $u_L(t)$:

$$u_L(t) = \frac{d\Phi_{verk}}{dt} = L \cdot \frac{di(t)}{dt} \tag{4.2}$$

Die Differentialgleichung (4.2) ist der Ausgangspunkt für die Berechnung des zeitlichen Verlaufes des Stromes. Durch Anwendung der Kirchhoff'schen Maschenregel auf die Masche in Abb. 4.1 folgt:

$$U_0 = R \cdot i(t) + L \cdot \frac{di(t)}{dt}$$

Hieraus folgt weiter:

$$dt = \frac{di(t) \cdot L}{U_0 - R \cdot i(t)} = \frac{L}{U_0} \cdot \frac{di(t)}{1 + \left(-\frac{R}{U_0}\right) \cdot i(t)}$$

Beide Seiten der vorangehenden Gleichung sind zu integrieren:

$$\int dt = \frac{L}{U_0} \cdot \int \frac{di(t)}{1 + \left(-\frac{R}{U_0}\right) \cdot i(t)} \tag{4.3}$$

Das Integral auf der rechten Seite dieser Gleichung ist in [1], Seite 296, Gl. (2) angegeben. Zunächst erhält man:

$$t = -\frac{L}{R} \cdot ln\left(-\frac{R}{U_0} \cdot i(t) + 1\right)$$

bzw.

$$-\frac{R}{L} \cdot t = ln\left(-\frac{R}{U_0} \cdot i(t) + 1\right)$$

$$e^{-\frac{R}{L} \cdot t} = -\frac{R}{U_0} \cdot i(t) + 1$$

Schließlich gilt für den Stromverlauf $i(t)$ im Schaltkreis bzw. für die Spannung $u_R(t)$ am Widerstand R in Abb. 4.1:

$$i(t) = \frac{U_0}{R} \cdot \left(1 - e^{-\frac{R}{L} \cdot t}\right) \tag{4.4}$$

Abb. 4.2 Stromverlauf im
Stromkreis von Abb. 4.1
($U_0 = 10\,\text{V}, R = 10\,\text{k}\Omega$,
$L = 10\,\text{mH}$)

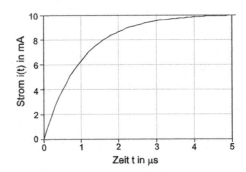

$$u_R(t) = U_0 \cdot \left(1 - e^{-\frac{R}{L} \cdot t}\right) \tag{4.5}$$

In Abb. 4.2 ist der Stromverlauf nach (4.4) graphisch dargestellt.

4.2 Energiedichte des magnetischen Feldes

Nach Gl. (2.58) ist die Energiedichte des elektrischen Feldes mit den Feldgrößen
E und D verknüpft d. h. mit der elektrischen Feldstärke und der elektrischen Flussdichte. Ebenso lässt sich die im magnetischen Feld gespeicherte Energie durch die
magnetischen Feldgrößen ausdrücken. In einer Spule mit eng aneinander liegenden
Windungen und mit einem Kern mit hoher relativer Permeabilität konzentriert sich das
magnetischer Feld im Kern der Spule (siehe Abb. 4.3).

Es wird angenommen, dass die Permeabilität μ des Spulenkerns unabhängig von
der magnetischen Feldstärke ist. Die magnetische Flussdichte B im Querschnitt A des
Kerns der Spule kann als homogen angesehen werden. Im Widerstand R in der Schaltung

Abb. 4.3 Ringspule

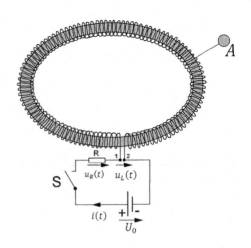

ist der ohmsche Widerstand der Spulenwicklung enthalten. Ist der Schalter S zunächst geöffnet und wird er zum Zeitpunkt $t = 0$ geschlossen, so fließt entsprechend Abb. 4.2 ein zeitabhängiger Strom $i(t)$, der in der Spule eine zeitveränderliche magnetische Flussdichte $B(t)$ erzeugt. Die elektrische Energie, die dem magnetischen Feld der Ringspule über die Klemmen 1 und 2 bis zum Zeitpunkt t_0 zugeführt wird, beträgt:

$$W = \int_0^{t_0} i(t) \cdot u_L(t) dt \tag{4.6}$$

Für den magnetischen Fluss im Kern der Spule, der mit den N Windungen verkettet ist, gilt bei geschlossenem Schalter S (vgl. (3.20) und (3.38)):

$$\Phi_{verk} = N \cdot B \cdot A \tag{4.7}$$

Nach (3.22) entsteht an den Klemmen 1 und 2 der Spulenwicklung eine zeitveränderliche Klemmenspannung $u_L(t)$:

$$u_L(t) = \frac{d\Phi_{verk}}{dt} = N \cdot A \cdot \frac{dB(t)}{dt} \tag{4.8}$$

$N = $ Windungszahl

Entsprechend dem Ampère´sches Gesetz (siehe (3.43) und (3.45)) ist der mit der Ringspule verkettete Strom Φ_{verk} gleich der Länge l der Feldlinien in Spulenkern multipliziert mit der magnetischen Feldstärke H:

$$\Theta(t) = i(t) \cdot N = l \cdot H(t) \tag{4.9}$$

Somit gilt:

$$i(t) = \frac{l}{N} \cdot H(t) = \frac{l}{N} \cdot \frac{B(t)}{\mu} \tag{4.10}$$

Mit (4.6), (4.8) und (4.10) erhält man

$$W = \int_0^{t_0} \frac{l}{N} \cdot \frac{B(t)}{\mu} \cdot N \cdot A \cdot \frac{dB(t)}{dt} dt \tag{4.11}$$

Unter dem Integral ist das Produkt $l \cdot A$ gleich dem Volumen V des Kerns der Ringspule. Somit gilt weiter

$$W = \frac{V}{\mu} \int_0^{t_0} B(t) \cdot \frac{dB(t)}{dt} dt \tag{4.12}$$

Für das Produkt unter dem Intergral folgt mit der Produktregel der Differentialrechnung (oder alternativ dt/dt im Integranden kürzen)

$$B(t) \cdot \frac{dB(t)}{dt} = \frac{d}{dt} \left[\frac{1}{2} \cdot B(t)^2 \right] \tag{4.13}$$

Mit $B(t=0)=0$ und $B(t_0)=B_0$ erhält man schließlich die elektrische Energie im magnetischen Feld der Ringspule zum Zeitpunkt t_0:

$$W = \frac{V}{\mu}\left[\frac{1}{2}B(t)^2\right]_0^{t_0} = \frac{V}{\mu}\cdot\frac{B_{t_0}^2}{2} = \frac{V}{\mu}\cdot\frac{B^2}{2} \tag{4.14}$$

Die obere Grenze $B_{t_0}=B$ ist die magnetische Flussdichte zu Zeitpunkt t_0. Die Energiedichte w_{magn} im homogenen magnetischen Feld des Kerns der Ringspule beträgt somit

$$w_{magn} = \frac{1}{\mu}\cdot\frac{B^2}{2} = \frac{1}{2}\cdot B\cdot H = \frac{1}{2}\cdot\mu\cdot H^2 \tag{4.15}$$

4.3 Das Induktionsgesetz

In den Abschnitten 3.1.1 und 3.1.2 des vorangegangen Kapitel wurde nachgewiesen, dass in einer Leiterschleife, die sich im statischen Magnetfeld bewegt, eine elektrische Feldstärke bzw. eine elektrische Spannung U_{12} induziert wird und in der Folge ein elektrischer Strom in der Leiterschleife fließt. Voraussetzung hierfür ist, dass der mit der Schleife verkettete magnetische Fluss Φ sich infolge einer Formänderung oder der Bewegung der Schleife zeitlich ändert (siehe Abb. 3.9 und Abb. 3.10). In Gl. (4.16) ist dieser Sachverhalt entsprechend Gl. (3.22) mathematisch formuliert:

$$U_{12} = -\frac{d\Phi_{\text{verk}}}{dt} \tag{4.16}$$

Aber auch in einer ruhenden Leiterschleife, deren Kontur sich zeitlich nicht ändert, wird eine elektrische Feldstärke induziert, sofern sich der mit der Leiterschleife verkettete magnetische Fluss zeitlich ändert.

Ausgangspunkt für die Herleitung des Induktionsgesetzes ist Abb. 4.4, in der eine prinzipielle Anordnung angegeben ist, mit der ein verketteter magnetischer Fluss $\Phi_{verk}(t)$ hervorgerufen werden kann, der sich zeitlich ändert, ohne dass sich die

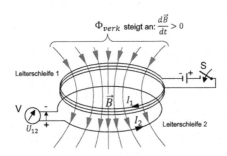

Abb. 4.4 Einschaltvorgang in der Leiterschleife 1, Induktion einer Spannung U_{12} und Stromfluss I_2 in der mit der Leiterschleife 1 gekoppelten Leiterschleife 2. (Die magnetischen Feldlinien, die beide Leiterschleifen durchsetzen sind in sich geschlossen. In der Abbildung ist nur ein Ausschnitt eingezeichnet.)

Abb. 4.5 Messanordnung zur
Messung der in der zweiten
Leiterschleife induzierten
Spannung

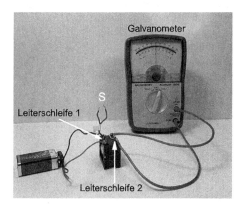

Schleife bewegt oder ihre Form sich verändert[2]. Die Abbildung zeigt zwei eng benach-
barte Leiterschleifen. An die Leiterschleife 1 ist über einen Schalter S eine Spannungsquelle angeschlossen. Sobald der Schalter S geschlossen wird, beginnt der Stromfluss.
In einem kurzen Zeitraum steigt die Stromstärke von 0 A an, bis sie ihren Maximalwert erreicht hat. Der Maximalwert wird durch den ohm'schen Widerstand der Schleife
und die Spannung der Spannungsquelle bestimmt. Ab diesem Zeitpunkt ist die Stromstärke in der Leiterschleife 1 konstant[3]. Während des Einschaltvorgangs wird durch den
ansteigenden Strom in der Leiterschleife 1 ein zeitveränderliches magnetisches Feld
erzeugt. Die magnetische Flussdichte steigt an:

$$\frac{d\vec{B}}{dt} > 0$$

Der mit der Leiterschleife 1 verkettete magnetische Fluss Φ_{verk} ist auch mit der Leiterschleife 2 verkettet. Er ändert sich somit ebenfalls und erzeugt infolge dessen während
des Einschaltvorgangs an den Klemmen der Leiterschleife 2 eine Spannung U_{12}. In
der Leiterschleife 2 fließt ein Strom I_2 in der eingezeichneten Richtung. Nach dem
Abklingen des Einschaltvorgangs sinkt die Spannung U_{12} auf den Wert 0 V und der
Stromfluss endet. Der Strom I_2 wird als induzierter Strom und die Spannung U_{12} als
Induktionsspannung bezeichnet[4].

Mit einer einfachen elektrischen Schaltung, wie sie in Abb. 4.5 angegeben ist, kann
die induzierte Spannung nachgewiesen werden. In der Schaltung bestehen die Leiterschleifen 1 und 2 aus eine Vielzahl von Windungen, die gemeinsam auf einem Eisenkern gewickelt sind. Dies ist erforderlich, um eine mit einem einfachen Galvanometer

---

[2]Die Anordnung der oberen Schleife in Abb. 4.4 entspricht der Schaltung in Abb. 4.1 (4.1).

[3]Die Stromschleife 1 wie auch die Stromschleife 2 besitzen eine endliche Induktivität und einen
endlichen ohmschen Widerstand. Der genaue Zeitverlauf der Stromstärke nach dem Schließen und
Öffnen des Schalters S wurde in Abschn. 4.1 hergeleitet.

[4]Lateinisch: inducere = hineinführen.

Abb. 4.6 Ausschalten des
Stromes in der Leiterschleife
1 und Induktion einer
Spannung U_{12} und Stromfluss
I_2 in der mit der Leiterschleife
1 gekoppelten Leiterschleife 2

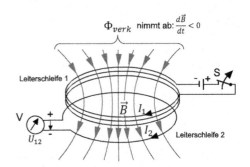

messbare Spannung zu erhalten. Durch den Eisenkern wird erreicht, dass sich der magnetische Fluss innerhalb der Wicklungen konzentriert. Links im Bild ist eine 9 V-Batterie zu erkennen, die über einen Draht mit einem Ende der Wicklung 1 verbunden ist. Der andere Pol der Batterie liegt über den Schalter S, der durch zwei blanke Drahtenden realisiert ist, am anderen Ende der Wicklung 1.

Sobald der Schalter S geschlossen wird, kann während des Einschaltvorgangs eine Spannung von etwa -10 mV am Galvanometer abgelesen werden. Nach kurzer Zeit, wenn der Einschaltvorgang beendet ist, geht die Anzeige auf 0 V zurück.

Die Stromrichtung I_2 in der Leiterschleife 2 von Abb. 4.4 ist der Richtung des Stromes I_1 in der Leiterschleife 1 entgegengesetzt. Der vom Strom I_2 erzeugte magnetische Fluss muss, damit das System stabil bleibt, dem magnetischen Fluss, der von Strom I_1 erzeugt wird, entgegenwirken. Dieser Sachverhalt wird als Lenz´sche Regel[5] bezeichnet.

In Abb. 4.6 sind die gleichen beiden Schleifen wie in Abb. 4.4 dargestellt, jedoch wird der Schalter S jetzt geöffnet. Analog zum Einschaltvorgang sinkt der Strom in der Leiterschleife 2 nicht schlagartig ab sondern infolge des Widerstandes und der Induktivität der Leiterschleife nach einer e-Funktion. Während des Ausschaltvorgangs sinkt mit der Stromstärke auch die magnetische Flussdichte ab:

$$\frac{d\vec{B}}{dt} < 0$$

Die induzierte Spannung kehrt infolgedessen ihre Polarität gegenüber dem Einschaltvorgang um und der Strom in der Schleife 2 ändert ebenfalls seine Richtung. In der Messanordnung nach Abb. 4.5 zeigt das Messinstrument nach dem Öffnen des Schalters zunächst eine Spannung von $+10$ mV, die dann auf 0 V zurückgeht. Beim Ausschaltvorgang ist die Stromrichtung in beiden Schleifen die gleiche. Anschaulich entsprechend der Lenz´schen Rege formuliert: „Der Strom in der Leiterschleife 2 wirkt der Änderung der Flussdichte entgegen".

---

[5]Lenz, Heinrich, Friedrich, Emil, deutsch-russischer Physiker, *1804, †1865.

Abb. 4.7 Zeitliche Änderung des magnetischen Flusses im infinitesimalen Flächenelement $d\vec{A}$

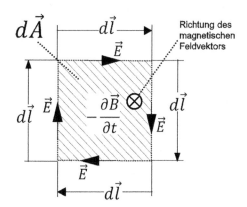

Es ist unerheblich ist, wodurch die zeitliche Änderung des verketteten, magnetischen Flusses zustande kommt. Für das Entstehen der induzierten Spannung U_{12} ist es lediglich von Bedeutung, dass sich der verkette Fluss zeitlich ändert.

Es stellt sich an dieser Stelle die Frage, ob das Entstehen einer induzierten elektrischen Feldstärke $\vec{E}$, welche eine induzierten Spannung zur Folge hat, an das Vorhandensein einer Leiterschleife gebunden ist oder ob eine Leiterschleife lediglich für den Nachweis der induzierten Feldstärke erforderlich ist. Tatsächlich ist die Leiterschleife für das Auftreten einer elektrischen Feldstärke nicht erforderlich. Jede zeitliche Änderung der magnetischen Flussdichte im freien Raum wird von einer elektrischen Feldstärke „begleitet". Maxwell[6] konnte dies bei der Formulierung des Induktionsgesetzes noch nicht nachweisen. Erst Heinrich Hertz[7] hat diesen Sachverhalt durch die Entdeckung der „Radiowellen" 1886 an der Technischen Hochschule Karlsruhe bestätigt.

Selbstverständlich muss eine zeitliche Änderung der magnetischen Feldstärke an einem Ort, an dem sich kein stromdurchflossener Leiter befindet eine Ursache besitzen. Diese Ursache kann z. B. ein Leiter sein, der sich in einer bestimmten Entfernung zu dem betrachteten Orte befindet und der von einem sich zeitlich ändernden Strom durchflossen wird. In Kap. 5 wird eine derartige Anregung eines elektromagnetischen Feldes am Beispiel des Hertzschen Dipols in allen Einzelheiten behandelt werden.

Zur Ableitung des Zusammenhangs zwischen sich änderndem magnetischem Fluss und elektrischere Feldstärke betrachten wir zunächst ein beliebiges, infinitesimales Flächenelement $d\vec{A}$ (siehe. Abb. 4.7). Es schränkt die Allgemeingültigkeit nicht ein, wenn das Flächenelement ein Quadrat mit der Seitenlänge $d\vec{l}$ ist. Wenn die Flussdichte, wie willkürlich angenommen, zeitlich abnimmt $\left(\frac{\partial \vec{B}}{\partial t} < 0\right)$, hat die elektrische Feldstärke die eingezeichnete Richtung. Hierzu ist kein Leiter entlang des Randes des Flächenelements erforderlich. Im Infinitesimalen ist die Änderungsgeschwindigkeit $\left(-\frac{\partial \vec{B}}{\partial t}\right)$ der Flussdichte $\vec{B}$ innerhalb des Flächenelementes $d\vec{A}$ konstant.

---

[6]Maxwell, James Clerk, britischer Physiker, *1831, †1879.

[7]Hertz, Heinrich, deutscher Physiker, *1857, †1894.

Abb. 4.8 Zum
Induktionsgesetz

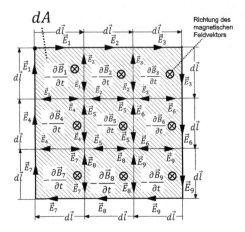

Nach (4.16) in Verbindung mit (3.14) und (3.5) gilt[8]:

$$4 \cdot \left(\vec{E} \cdot d\vec{l}\right) = -\frac{\partial \Phi_{\text{verk}}}{\partial t} = -\frac{\partial \vec{B}}{\partial t} \cdot d\vec{A} \tag{4.17}$$

Für die Formulierung des Induktionsgesetzes muss (4.17) auf einen größeren Bereich angewendet werden. Abb. 4.8 zeigt einen solchen Bereich, der aus Gründen der Übersichtlichkeit aus neun infinitesimalen Bereichen mit der Fläche $d\vec{A}$ besteht. Die Änderung der Flussdichte $\frac{\partial \vec{B}}{\partial t}$ ist, um der Allgemeingültigkeit Rechnung zu tragen, in allen neun Bereichen unterschiedlich.

Entsprechend (4.17) ist für jeden der neun Bereiche die Umlaufsumme zu bilden. Wenn man in der linken oberen Ecke von Abb. 4.8 mit dem Umlauf beginnt, erhält man die folgenden neun Gleichungen:

Umlauf 1:

$$+\left(\vec{E}_1 \cdot d\vec{l}\right) - \left(\vec{E}_2 \cdot d\vec{l}\right) + \left(\vec{E}_1 \cdot d\vec{l}\right) - \left(\vec{E}_4 \cdot d\vec{l}\right) + \left(\vec{E}_1 \cdot d\vec{l}\right) + \left(\vec{E}_1 \cdot d\vec{l}\right)$$

$$= -\frac{\partial \vec{B}_1}{\partial t} \cdot d\vec{A}$$

Umlauf 2:

$$+\left(\vec{E}_2 \cdot d\vec{l}\right) - \left(\vec{E}_3 \cdot d\vec{l}\right) + \left(\vec{E}_2 \cdot d\vec{l}\right) - \left(\vec{E}_5 \cdot d\vec{l}\right) + \left(\vec{E}_2 \cdot d\vec{l}\right) - \left(\vec{E}_1 \cdot d\vec{l}\right) + \left(\vec{E}_2 \cdot d\vec{l}\right) = -\frac{\partial \vec{B}_2}{\partial t} \cdot d\vec{A}$$

---

[8]Das partielle Differential wird verwendet, weil das Induktionsgesetz, wie im Folgenden gezeigt wird, die Bewegungsinduktion beinhaltet.

Umlauf 3:

$$+\left(\vec{E}_3 \cdot d\vec{l}\right)+\left(\vec{E}_3 \cdot d\vec{l}\right)-\left(\vec{E}_6 \cdot d\vec{l}\right)+\left(\vec{E}_3 \cdot d\vec{l}\right)-\left(\vec{E}_2 \cdot d\vec{l}\right)+\left(\vec{E}_3 \cdot d\vec{l}\right) = -\frac{\partial \vec{B}_3}{\partial t} \cdot d\vec{A}$$

Umlauf 4:

$$-\left(\vec{E}_1 \cdot d\vec{l}\right)+\left(\vec{E}_4 \cdot d\vec{l}\right)-\left(\vec{E}_5 \cdot d\vec{l}\right)+\left(\vec{E}_4 \cdot d\vec{l}\right)-\left(\vec{E}_7 \cdot d\vec{l}\right)+\left(\vec{E}_4 \cdot d\vec{l}\right)+\left(\vec{E}_4 \cdot d\vec{l}\right) = -\frac{\partial \vec{B}_4}{\partial t} \cdot d\vec{A}$$

Umlauf 5:

$$-\left(\vec{E}_2 \cdot d\vec{l}\right)+\left(\vec{E}_5 \cdot d\vec{l}\right)-\left(\vec{E}_6 \cdot d\vec{l}\right)+\left(\vec{E}_5 \cdot d\vec{l}\right)-\left(\vec{E}_8 \cdot d\vec{l}\right)+\left(\vec{E}_5 \cdot d\vec{l}\right)-\left(\vec{E}_4 \cdot d\vec{l}\right)+\left(\vec{E}_5 \cdot d\vec{l}\right) = -\frac{\partial \vec{B}_5}{\partial t} \cdot d\vec{A}$$

Umlauf 6:

$$-\left(\vec{E}_3 \cdot d\vec{l}\right)+\left(\vec{E}_6 \cdot d\vec{l}\right)+\left(\vec{E}_6 \cdot d\vec{l}\right)-\left(\vec{E}_9 \cdot d\vec{l}\right)+\left(\vec{E}_6 \cdot d\vec{l}\right)-\left(\vec{E}_5 \cdot d\vec{l}\right)+\left(\vec{E}_6 \cdot d\vec{l}\right) = -\frac{\partial \vec{B}_6}{\partial t} \cdot d\vec{A}$$

Umlauf 7:

$$-\left(\vec{E}_4 \cdot d\vec{l}\right)+\left(\vec{E}_7 \cdot d\vec{l}\right)-\left(\vec{E}_8 \cdot d\vec{l}\right)+\left(\vec{E}_7 \cdot d\vec{l}\right)+\left(\vec{E}_7 \cdot d\vec{l}\right)+\left(\vec{E}_7 \cdot d\vec{l}\right) = -\frac{\partial \vec{B}_7}{\partial t} \cdot d\vec{A}$$

Umlauf 8:

$$-\left(\vec{E}_5 \cdot d\vec{l}\right)+\left(\vec{E}_8 \cdot d\vec{l}\right)-\left(\vec{E}_9 \cdot d\vec{l}\right)+\left(\vec{E}_8 \cdot d\vec{l}\right)+\left(\vec{E}_8 \cdot d\vec{l}\right)-\left(\vec{E}_7 \cdot d\vec{l}\right)+\left(\vec{E}_8 \cdot d\vec{l}\right) = -\frac{\partial \vec{B}_8}{\partial t} \cdot d\vec{A}$$

Umlauf 9:

$$-\left(\vec{E}_6 \cdot d\vec{l}\right)+\left(\vec{E}_9 \cdot d\vec{l}\right)+\left(\vec{E}_9 \cdot d\vec{l}\right)+\left(\vec{E}_9 \cdot d\vec{l}\right)-\left(\vec{E}_8 \cdot d\vec{l}\right)+\left(\vec{E}_9 \cdot d\vec{l}\right) = -\frac{\partial \vec{B}_9}{\partial t} \cdot d\vec{A}$$

Durch Addition dieser vier Gleichungen erhält man die folgende Gleichung:

$$+\left(\vec{E}_1 \cdot d\vec{l}\right)-\left(\vec{E}_2 \cdot d\vec{l}\right)+\left(\vec{E}_1 \cdot d\vec{l}\right)-\left(\vec{E}_4 \cdot d\vec{l}\right)+\left(\vec{E}_1 \cdot d\vec{l}\right)+\left(\vec{E}_1 \cdot d\vec{l}\right)$$

$$+\left(\vec{E}_2 \cdot d\vec{l}\right)-\left(\vec{E}_3 \cdot d\vec{l}\right)+\left(\vec{E}_2 \cdot d\vec{l}\right)-\left(\vec{E}_5 \cdot d\vec{l}\right)+\left(\vec{E}_2 \cdot d\vec{l}\right)-\left(\vec{E}_1 \cdot d\vec{l}\right)+\left(\vec{E}_2 \cdot d\vec{l}\right)$$

$$+\left(\vec{E}_3 \cdot d\vec{l}\right)+\left(\vec{E}_3 \cdot d\vec{l}\right)-\left(\vec{E}_6 \cdot d\vec{l}\right)+\left(\vec{E}_3 \cdot d\vec{l}\right)-\left(\vec{E}_2 \cdot d\vec{l}\right)+\left(\vec{E}_3 \cdot d\vec{l}\right)$$

$$-\left(\vec{E}_1 \cdot d\vec{l}\right)+\left(\vec{E}_4 \cdot d\vec{l}\right)-\left(\vec{E}_5 \cdot d\vec{l}\right)+\left(\vec{E}_4 \cdot d\vec{l}\right)-\left(\vec{E}_7 \cdot d\vec{l}\right)+\left(\vec{E}_4 \cdot d\vec{l}\right)+\left(\vec{E}_4 \cdot d\vec{l}\right)$$

$$-\left(\vec{E}_2 \cdot \vec{dl}\right) + \left(\vec{E}_5 \cdot \vec{dl}\right) - \left(\vec{E}_6 \cdot \vec{dl}\right) + \left(\vec{E}_5 \cdot \vec{dl}\right) - \left(\vec{E}_8 \cdot \vec{dl}\right) + \left(\vec{E}_5 \cdot \vec{dl}\right) - \left(\vec{E}_4 \cdot \vec{dl}\right) + \left(\vec{E}_5 \cdot \vec{dl}\right)$$

$$-\left(\vec{E}_3 \cdot \vec{dl}\right) + \left(\vec{E}_6 \cdot \vec{dl}\right) + \left(\vec{E}_6 \cdot \vec{dl}\right) - \left(\vec{E}_9 \cdot \vec{dl}\right) + \left(\vec{E}_6 \cdot \vec{dl}\right) - \left(\vec{E}_5 \cdot \vec{dl}\right) + \left(\vec{E}_6 \cdot \vec{dl}\right)$$

$$-\left(\vec{E}_4 \cdot \vec{dl}\right) + \left(\vec{E}_7 \cdot \vec{dl}\right) - \left(\vec{E}_8 \cdot \vec{dl}\right) + \left(\vec{E}_7 \cdot \vec{dl}\right) + \left(\vec{E}_7 \cdot \vec{dl}\right) + \left(\vec{E}_7 \cdot \vec{dl}\right)$$

$$-\left(\vec{E}_5 \cdot \vec{dl}\right) + \left(\vec{E}_8 \cdot \vec{dl}\right) - \left(\vec{E}_9 \cdot \vec{dl}\right) + \left(\vec{E}_8 \cdot \vec{dl}\right) + \left(\vec{E}_8 \cdot \vec{dl}\right) - \left(\vec{E}_7 \cdot \vec{dl}\right) + \left(\vec{E}_8 \cdot \vec{dl}\right)$$

$$-\left(\vec{E}_6 \cdot \vec{dl}\right) + \left(\vec{E}_9 \cdot \vec{dl}\right) + \left(\vec{E}_9 \cdot \vec{dl}\right) + \left(\vec{E}_9 \cdot \vec{dl}\right) - \left(\vec{E}_8 \cdot \vec{dl}\right) + \left(\vec{E}_9 \cdot \vec{dl}\right)$$

$$= -\frac{\partial \vec{B}_1}{\partial t} \cdot d\vec{A} - \frac{\partial \vec{B}_2}{\partial t} \cdot d\vec{A} - \frac{\partial \vec{B}_3}{\partial t} \cdot d\vec{A} - \frac{\partial \vec{B}_4}{\partial t} \cdot d\vec{A} - \frac{\partial \vec{B}_5}{\partial t} \cdot d\vec{A} - \frac{\partial \vec{B}_6}{\partial t} \cdot d\vec{A} - \frac{\partial \vec{B}_7}{\partial t} \cdot d\vec{A}$$

$$- \frac{\partial \vec{B}_8}{\partial t} \cdot d\vec{A} - \frac{\partial \vec{B}_9}{\partial t} \cdot d\vec{A}$$

bzw.:

$$\left(\vec{E}_1 \cdot \vec{dl}\right) + \left(\vec{E}_2 \cdot \vec{dl}\right) + \left(\vec{E}_3 \cdot \vec{dl}\right) + \left(\vec{E}_3 \cdot \vec{dl}\right) + \left(\vec{E}_6 \cdot \vec{dl}\right) + \left(\vec{E}_9 \cdot \vec{dl}\right) + \left(\vec{E}_9 \cdot \vec{dl}\right)$$
$$+ \left(\vec{E}_8 \cdot \vec{dl}\right) + \left(\vec{E}_7 \cdot \vec{dl}\right) + \left(\vec{E}_7 \cdot \vec{dl}\right) + \left(\vec{E}_4 \cdot \vec{dl}\right) + \left(\vec{E}_1 \cdot \vec{dl}\right)$$
$$= -\frac{\partial \vec{B}_1}{\partial t} \cdot d\vec{A} - \frac{\partial \vec{B}_2}{\partial t} \cdot d\vec{A} - \frac{\partial \vec{B}_3}{\partial t} \cdot d\vec{A} - \frac{\partial \vec{B}_4}{\partial t} \cdot d\vec{A} - \frac{\partial \vec{B}_5}{\partial t} \cdot d\vec{A}$$
$$- \frac{\partial \vec{B}_6}{\partial t} \cdot d\vec{A} - \frac{\partial \vec{B}_7}{\partial t} \cdot d\vec{A} - \frac{\partial \vec{B}_8}{\partial t} \cdot d\vec{A} - \frac{\partial \vec{B}_9}{\partial t} \cdot d\vec{A}$$

$$(4.18)$$

Die linke Seite von Gleichung (4.18) ist der Umlauf entlang der äußern Kontur der gesamten neun infinitesimalen Bereiche mit der Seitenlänge $\vec{dl}$ multipliziert mit der elektrischen Feldstärke des jeweiligen Abschnitts. Die Kontur dieses Bereiches ist in Abb. 4.8 als dick ausgezogene Linie dargestellt. Startpunkt ist die linke, obere Ecke. Die rechte Seite enthält die Summe der zeitlichen Änderungen des magnetischen Flusses in den neun Teilflächen.

Die allgemeine Formel lautet folglich:

$$\oint_C \vec{E} \cdot \vec{dl} = -\iint_A \frac{\partial \vec{B}}{\partial t} \cdot d\vec{A}$$

$$(4.19)$$

Gl. (4.19) ist das Induktionsgesetz in integraler Schreibweise. Mit dem Satz von Stokes (3.93) geht (4.27) über in folgende Gleichung:

Abb. 4.9 Zum Inhalt der
zweiten Maxwell´schen
Gleichung [6]

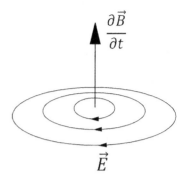

$$\oint_C \vec{E} \cdot d\vec{l} = \iint_A \mathrm{rot}\, \vec{E} \cdot d\vec{A} = -\iint_A \frac{\partial \vec{B}}{\partial t} \cdot d\vec{A} \tag{4.20}$$

Damit erhält man die folgende Beziehung:

$$\mathrm{rot}\, \vec{E} = -\frac{\partial \vec{B}}{\partial t} \tag{4.21}$$

Dies ist die zweite Maxwellsche Gleichung. Man kann sie als die Differentialform des Induktionsgesetzes auffassen.

Gl. (4.21) besagt:

Dort wo im Raum eine zeitveränderliche magnetische Flussdichte vorhanden ist, existiert zugleich auch ein elektrisches Feld.

In vektoranalytischer Formulierung beinhaltet Gl. (4.21) die folgende Aussage:

Das elektrische Feld hat an den Orten Wirbel, wo sich das magnetische Feld zeitlich ändert.

In Abb. 4.9 ist dieser Sachverhalt anschaulich dargestellt. Die elektrischen Feldlinien und der Vektor der zeitlichen Änderung der magnetischen Flussdichte bilden eine Linksschraube.

Abschließend zu diesem Abschnitt wird im Folgenden Gl. (4.19) näher betrachtet. Hierzu kehren wir zunächst zu Gl. 3.16 zurück:

$$\vec{E} = -\left(\vec{v} \times \vec{B}\right)$$

Diese Gleichung beschreibt die sogenannte Bewegungsinduktion, d. h. das Auftreten einer elektrischen Feldstärke $\vec{E}$ bei der Bewegung eines Konturabschnittes mit der Geschwindigkeit $\vec{v}$ in einem magnetischen Feld der Flussdichte $\vec{B}$, ohne dass hierfür die Anwesenheit von elektrischer Ladung oder eines Leiters erforderlich ist. Gl. (4.19) umfasst sowohl das Entstehen einer elektrischen Feldstärke entlang der Kontur C durch eine zeitliche Änderung der magnetischen Flussdichte innerhalb der Fläche A der Kontur als auch das Entstehen einer elektrischen Feldstärke infolge der Bewegung der Kontur im Magnetfeld. Um das Entstehen einer elektrischen Feldstärke entlang einer Kontur durch eine zeitliche Änderung der magnetischen Flussdichte innerhalb der Kontur C von der Entstehung einer elektrischen Feldstärke durch eine Bewegung der Kontur formelmäßig zu trennen, wird Gl. (4.19) abgeändert. Der Anteil, der aufgrund einer zeitlichen Änderung der magnetischen Flussdichte innerhalb der Fläche A der Kontur C eine elektrische Feldstärke zur Folge hat, ohne dass sich die der Kontur im magnetischen Feld bewegt, wird durch folgende Gleichung erfasst:

$$\oint_C \vec{E} \cdot d\vec{l} = -\frac{d}{dt} \iint_A \vec{B} \cdot d\vec{A} \tag{4.22}$$

Um das Entstehen einer elektrischen Feldstärke entlang der geschlossenen Kontur C durch die Bewegung dieser Kontur im magnetischen Feld mit einzubeziehen, ist die rechte Seite dieser Gleichung um den Term

$$-\oint_C \left(\vec{v} \times \vec{B}\right) \cdot d\vec{l}$$

zu erweitern. Damit nimmt (4.22) die folgende Form an:

$$\oint_C \vec{E} \cdot d\vec{l} = -\frac{d}{dt} \iint_A \vec{B} \cdot d\vec{A} - \oint_C \left(\vec{v} \times \vec{B}\right) \cdot d\vec{l}$$

bzw:

$$\oint_C \left(\vec{E} + \left(\vec{v} \times \vec{B}\right)\right) \cdot d\vec{l} = -\frac{d}{dt} \iint_A \vec{B} \cdot d\vec{A} \tag{4.23}$$

Gl. (4.23) ist ebenso wie Gl. (4.19) die korrekte Schreibweise des Induktionsgesetzes. Mit Methoden der Vektoranalysis kann nachgewiesen werden, dass Gl. (4.19) in Gl. (4.23) überführt werden kann[9]. Beide Gleichungen beinhalten die gleiche Aussage. Beide Gleichungen sind eine korrekte Formulierung des Induktionsgesetzes in integraler Schreibweise.

---

[9]Flanders, H.: Differential under the integral sign, American Mathematical Monthly (6), pp 615–627.

Abb. 4.10 Ladungserhaltung

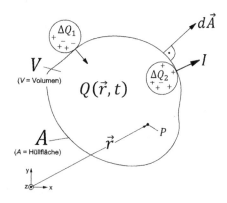

4.4 Kontinuitätsgleichung

Die Kontinuitätsgleichung formuliert in mathematischer Form die folgende Aussage:

Die elektrische Ladung in einem Volumen kann sich nur ändern, wenn Ladung aus dem Volumen durch die Oberfläche des Volumens entweder abfließt oder zuströmt. Global bleibt die Ladung erhalten.

In Abb. 4.10 ist ein Volumen V im Schema dargestellt, in dem sich eine Ladung Q befindet. Eine Ladung ΔQ_1 tritt in das Volumen ein und die Ladungsmenge ΔQ_2 verlässt das Volumen. Sofern $\Delta Q_1 \neq \Delta Q_2$ ist, verändert sich die Ladungsmenge im Volumen. Entsprechend Gleichung (1.28) ist ein Ladungstransport gleichbedeutend mit einem Stromfluss. Eine Verringerung der Ladung um ∂Q innerhalb des Zeitabschnittes ∂t entspricht einem Strom, der aus der Hüllfläche des Volumens austritt, von

$$I = -\frac{\partial Q(\vec{r}, t)}{\partial t} \tag{4.24}$$

Das negative Vorzeichen in Gl. (4.24) zeigt an, dass der Normalvektor der Hüllfläche des Volumens nach außen orientiert ist. Eine Abnahme der Ladung im Volumen V hat infolgedessen einen nach außen gerichteten und damit positiven Strom zur Folge. Gl. (4.24) ist die global formulierte Kontinuitätsgleichung ([3], Seite 66).

In Abb. 4.4 wurde keine Annahme bezüglich der Ladungsverteilung in Volumen V gemacht. Im Volumen können sich räumliche, flächenhafte oder linienartige Ladungsverteilungen befinden. Gleiches gilt für die Art des Stromflusses. Setzt man im Volumen eine räumliche, ggf. kontinuierliche Verteilung der Ladung voraus, so ist Gl. (4.24) entsprechend anzupassen. An die Stelle der Ladung $Q(\vec{r}, t)$ tritt die Raumladungsdichte $\varrho(\vec{r}, t)$ und an die Stelle des Stromes I die Stromdichte $\vec{J}$ (siehe Abb. 4.11).

Für den gesamten Strom, der aus dem Volumen V durch die geschlossene Hüllfläche A nach außen fließt gilt:

$$I = \oiint_A \vec{J} \cdot d\vec{A} \tag{4.25}$$

Abb. 4.11 Ladungserhaltung
bei kontinuierlicher
Ladungsverteilung

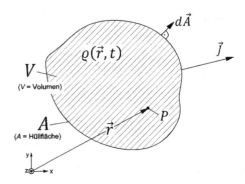

Die zeitliche Änderung der Ladung im Volumen V infolge des Stromflusses I nach außen durch die Hüllfläche beträgt

$$I = -\frac{\partial Q}{\partial t} = -\frac{\partial}{\partial t} \iiint\limits_V \varrho \cdot dV = -\iiint\limits_V \frac{\partial \varrho}{\partial t} \cdot dV \tag{4.26}$$

Somit gilt unter Anwendung des Satzes von Gauß (Gl. (2.35)):

$$\iiint\limits_V \frac{\partial \varrho}{\partial t} \cdot dV = -\oiint\limits_A \vec{J} \cdot d\vec{A} = -\iiint\limits_V \mathrm{div}\,\vec{J} \cdot dV \tag{4.27}$$

Die Intergranden unter den Volumenintegralen in dieser Gleichung können einander gleich gesetzt werden. Aus Gl. (4.27) folgt somit:

$$\mathrm{div}\,\vec{J} = -\frac{\partial \varrho}{\partial t} \tag{4.28}$$

Gl. (4.28) ist die Kontinuitätsgleichung in differentieller Form. Sie sagt aus:

Eine zeitliche Änderung (Abnahme bzw. Zunahme) der Ladungsdichte im Elementarvolumen ist gleichbedeutend der „Divergenz" der Stromdichte, d. h. der Änderung (Abnahme bzw. Zunahme) der Stromdichte (siehe Bemerkung zu Gl. (2.29)).

In Abb. 4.12 ist eine Ladungswolke dargestellt, die sich durch die Hüllfläche A in das Volumen V bewegt.

Nach Gl. (2.33) gilt für den Zusammenhang zwischen Ladungsdichte ϱ und elektrischer Flussdichte D im Volumen V:

$$\iiint\limits_V \varrho \cdot dV = \iiint\limits_V \mathrm{div}\,\vec{D} \cdot dV \tag{4.29}$$

Das Volumen V ist beliebig, sodass aus Gl. (4.29) folgt:

$$\mathrm{div}\,\vec{D} = \varrho \tag{4.30}$$

Abb. 4.12 Ladungswolke

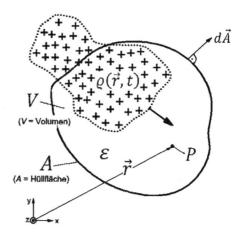

Gl. (4.30) entspricht Gl. (2.29). Da sich die Ladungswolke bewegt, gilt Gl. (4.30) für einen Zeitpunkt t. Durch Differentiation dieser Gleichung nach der Zeit wird ersichtlich, wie sich die zeitliche Änderung der elektrischen Flussdichte auf die Änderung der Ladungsdichte auswirkt:

$$\text{div}\left(\frac{\partial \vec{D}}{\partial t}\right) = \frac{\partial \varrho}{\partial t} \tag{4.31}$$

bzw.:

$$\text{div}\left(\frac{\partial \vec{D}}{\partial t}\right) - \frac{\partial \varrho}{\partial t} = 0 \tag{4.32}$$

Setzt man Gl. (4.28) in diese Gleichung ein, so erhält man die folgende Form der Kontinuitätsgleichung:

$$\text{div}\left(\frac{\partial \vec{D}}{\partial t} + \vec{J}\right) = 0 \tag{4.33}$$

Die zeitliche Änderung der elektrischen Flussdichte $d\vec{D}/dt$ kann entsprechend dieser Beziehung als Stromdichte aufgefasst werden. Sie wird nach Maxwell als Verschiebungsstromdichte bezeichnet. Im folgenden Abschnitt wird dieser Begriff näher erläutert.

4.5   Verschiebungsstromdichte

Abb. 4.13 zeigt einen offenen Gleichstromkreis mit Kondensator. In dieser Abbildung sind die beiden Elektroden des Kondensators und ihr Abstand zur besseren Darstellung der Stromdichte stark vergrößert dargestellt. Die Schaltung entspricht der Schaltung in Abb. 2.8. Wird der Schalter S zum Zeitpunkt $t = 0$ geschlossen, so lädt sich der Kondensator C auf. Mit den Daten der Schaltung in Abb. 2.8 sinkt nach dem Schließen des Schalters S der Ladestrom $i(t)$ von 6 mA innerhalb von etwa 60 μs auf nahezu 0 mA ab (siehe Diagramm in Abb. 2.9). Der Strom $i(t)$ hat in den Elektroden des Kondensators eine Stromdichte $\vec{J}$ zur Folge. Während des Ladevorganges wird der positiven Elektrode Ladung zugeführt, während zugleich von der negativen Elektrode Ladung abfließt. Infolgedessen verändert sich auch die elektrische Flussdichte im Feld zwischen den Elektroden des Kondensators solange Strom fließt.

Die zeitliche Änderung der Flussdichte $\partial \vec{D}/\partial t$ ist nach (4.33) eine Stromdichte, die sogenannte Verschiebungsstromdichte

$$\frac{\partial \vec{D}}{\partial t} = \vec{J}_v$$

Sie besteht im elektrischen Feld zwischen den Kondensatorplatten solange die elektrische Flussdichte sich zeitlich ändert, d. h. solange in den Zuleitungen des Kondensators ein sich zeitlich ändernder Leitungsstrom $i(t)$ fließt. Dieser Leitungsstrom setzt sich im elektrischen Feld zwischen den Kondensatorplatten als Verschiebungsstrom i_v mit der Stromdichte $\vec{J}_v$ fort. In ein beliebiges Volumen, dass Teile des Stromkreisen einschließt, tritt infolgedessen gleichviel Strom ein wie aus dem Volumen austritt. Die Kontinuitätsgleichung für den dargestellten Stromkreis ist somit erfüllt.

Gleiches gilt für den in Abb. 4.14 dargestellten Wechselstromkreis. In ihm findet ständig ein Laden und ein Entladen des Kondensators statt, sodass im elektrischen Feld zwischen den Elektroden des Kondensators ständig ein Verschiebungsstrom existiert. Die Stromdichte $\vec{J}$ im Strömungsfeld setzt sich in diesem Fall auf Dauer als Verschiebungsstromdichte $\partial \vec{D}/\partial t = \vec{J}_v$ im elektrischen Feld zwischen den Kondensatorelektroden fort, sodass der ursprünglich offene Stromkreis durch den Verschiebungsstrom i_v geschlossen wird und die Bedingung

Abb. 4.13 Offener Stromkreis mit Kondensator ($U = 300$ V, Abstand der Elektroden: $d = 4$ mm, Fläche einer Elektrode: $A = 900$ cm^2, $R = 50$ kΩ, Dielektrikum = Luft)

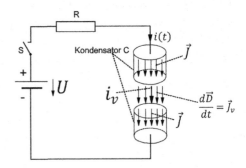

Abb. 4.14 Wechselstromkreis
mit Kondensator

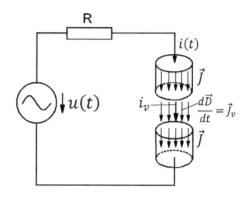

$$div\left(\partial \vec{D}/\partial t + \vec{J}\right) = 0$$

4.6   Die erste Maxwellsche Gleichung

Für die Durchflutung der Fläche A, d. h. für den Strom, der durch die Fläche A tritt, gilt:

$$\Theta = \iint\limits_{A} \vec{J} \cdot \vec{n}_A \cdot dA$$

Mit dieser Beziehung nimmt das Ampère´sche Gesetz entsprechend Gl. (3.45) die folgende Form an:

$$\oint\limits_{C} \vec{H} \cdot d\vec{s} = \Theta = \iint\limits_{A} \vec{J} \cdot \vec{n}_A \cdot dA \qquad (4.34)$$

Diese Gleichung beinhaltet die folgende Aussage:

Wenn in einem beliebigen magnetischen Feld entlang einer geschlossenen Kontur C das Linienintegral der magnetischen Feldstärke $\vec{H}$ gebildet wird, so ist dieses Linienintegral gleich dem gesamten Strom, der durch die von dieser Kontur aufgespannte Fläche A tritt, d. h. gleich der Durchflutung dieser Fläche.

In Abb. 4.15 ist ein Wechselstromkreis mit Kondensator dargestellt. Auch für einen solchen Stromkreis sollte das Ampère´sche Gesetz gültig sein. Die beiden glockenförmigen Flächen A_1 und A_2 besitzen zwar die gleiche Kontur C. Das Integral über die von der Kontur C aufgespannten, beiden Flächen A_1 bzw. A_2 ist jedoch offensichtlich unterschiedlich. Durch die Fläche A_1 tritt der Leitungsstrom $i(t) = \Theta(t)$. Das Ampère´sche Gesetz ist erfüllt:

$$\oint\limits_{C/A_1} \vec{H} \cdot d\vec{s} = \Theta(t) = i(t)$$

Abb. 4.15 Zum
Ampère'schen Gesetz

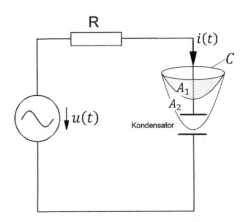

Durch die Fläche A_2 tritt offensichtlich kein Leitungsstrom. Das Integral über die Kontur C dieser Fläche, die mit der Kontur der Fläche A_1 identisch ist, d. h. über die gleiche Kontur, ist somit gleich Null:

$$\oint_{C/A_2} \vec{H} \cdot d\vec{s} = 0$$

Beide Gleichungen widersprechen sich. Maxwell hat diesen Widerspruch aufgelöst, indem er postulierte, dass der Verschiebungsstrom $i_v(t)$ bzw. die Verschiebungsstromdichte $\partial\vec{D}/\partial t$ zwischen den Kondensatorelektroden ebenso wie der Leitungsstrom mit einem magnetischen Feld verkettet ist. Für die Kontur C der Fläche A_2 gilt somit:

$$\oint_{C/A_2} \vec{H} \cdot d\vec{s} = \iint_{A_2} \frac{\partial\vec{D}}{\partial t} \cdot \vec{n}_A \cdot dA$$

Das Ampère'sche Gesetz nach Gl. (4.34) muss somit für zeitlich sich ändernde elektrische Felder um die Verschiebungsstromdichte ergänzt werden:

$$\oint_{C} \vec{H} \cdot d\vec{s} = \iint_{A} \left(\vec{J} + \frac{\partial\vec{D}}{\partial t} \right) \cdot \vec{n}_A \cdot dA \tag{4.35}$$

Zu dem gleichen Ergebnis führt eine vektoranalytische Betrachtungsweise. Nach Gl. (3.58), der differentiellen Form des Ampère'schen Gesetzes für stationäre magnetische Felder, gilt:

$$\text{rot}\,\vec{H} = \vec{J} \tag{4.36}$$

Das Ampère'sche Gesetz kann im Sinn der Vektoranalysis in dieser Form nicht allgemein gültig sein. Nach Gl. (3.87) muss nämlich gelten:

$$\text{div}\,\text{rot}\,\vec{H} = 0 \tag{4.37}$$

Nach Gl. (3.59) ist diese Beziehung nur gültig, wenn

$$\operatorname{div} \vec{J} = 0$$

d. h. die Stromdichte quellenfrei ist. Dies trifft jedoch wegen der Kontinuitätsgleichung (4.28)

$$\operatorname{div} \vec{J} = -\frac{\partial \varrho}{\partial t}$$

nicht zu. Nur unter Einbeziehung der Existenz des Verschiebungsstromes nach Gl. (4.33) kann die Forderung nach Quellenfreiheit erfüllt werden:

$$\operatorname{div} \left(\frac{\partial \vec{D}}{\partial t} + \vec{J} \right) = 0$$

Auch unter vektoranalytischer Sicht muss somit für zeitveränderliche Felder die Stromdichte durch die partielle Ableitung der elektrischen Flussdichte nach der Zeit, d. h. durch die Verschiebungsstromdichte ergänzt werden. An die Stelle des Ampère´sche Gesetzes (3.59) tritt im Falle von zeitveränderlichen Feldern die folgende Gleichung:

$$\operatorname{rot} \vec{H} = \frac{\partial \vec{D}}{\partial t} + \vec{J} \tag{4.38}$$

Diese Gleichung erfüllt die Bedingung (4.37)

$$\operatorname{div} \operatorname{rot} \vec{H} = 0$$

Für ein statisches Feld ist $\partial \vec{D}/\partial t = 0$. In diesem Fall entspricht Gl. (4.38) dem Ampère´schen Gesetz in Gl. (3.59).

Gl. (4.38) wird als die erste Maxwellsche Gleichung bezeichnet. In ihr ist die physikalische Tatsache formuliert, dass dort, wo entweder eine Stromdichte oder eine zeitliche Änderung der elektrischen Flussdichte existiert, ein magnetisches Feld vorhanden ist. Abb. 4.16 veranschaulicht diesen Sachverhalt. Der rechte Teil der Abb. bezieht sich auf ein nichtleitendes Medium, z. B. Vakuum. Hier ist $\vec{J} = 0$ und eine zeitliche Änderung der elektrischen Feldstärke $\left(\varepsilon \frac{\partial \vec{E}}{\partial t} = \frac{\partial \vec{D}}{\partial t} \right)$ ist mit einer magnetischen Feldstärke verkettet.

Eine weitere Möglichkeit, die Aussage der ersten Maxwellschen Gleichung zu veranschaulichen, ist die Schaltungsanordnung, die in Abb. 4.17 angegeben ist. In dem Stromkreis fließt ein Wechselstrom. Sowohl das magnetische Feld, das der Strom $i(t)$ erzeugt, als auch das magnetische Feld, das mit der Verschiebungsstromdichte $\partial \vec{D}/\partial t$ verknüpft ist, könnte mit einer Rogowski-Spule als magnetischer Spannungsmesser gemessen werden.

Zum Abschluss dieses Abschnittes sind in Abb. 4.18 die Aussagen der ersten und zweiten Maxwellschen Gleichung im nichtleitenden Medium $(\vec{E} = \vec{D}/\varepsilon)$ und $(\vec{H} = \vec{B}/\mu)$

Abb. 4.16 Zum Inhalt
der ersten Maxwellschen
Gleichung [6]

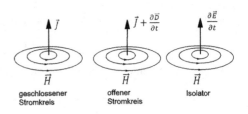

Abb. 4.17 Schaltung
zu Erläuterung der ersten
Maxwellschen Gleichung

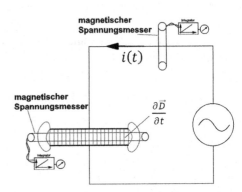

einander gegenüber gestellt. In beiden Abbildungen ist die folgende Symmetrie zu erkennen: Nach der ersten Maxwellschen Gleichung ist die zeitliche Änderung der magnetischen Feldstärke mit einem elektrischen Feld verbunden, während nach der zweiten Maxwellschen Gleichung eine zeitliche Änderung der elektrischen Feldstärke von einem magnetischen Feld begleitet ist. Dieser Zusammenhang ist, wie noch gezeigt wird, die Bedingung für die Ausbreitung elektromagnetischer Wellen in einem nichtleitenden Medium, z. B. im Vakuum. Offensichtlich kann ein magnetisches Feld erzeugt werden, ohne dass an diesem Ort ein stromdurchflossener Leiter vorhanden sein muss.

Abb. 4.18 Zum Inhalt
der ersten und zweiten
Maxwellschen Gleichung für
das Vakuum [6]

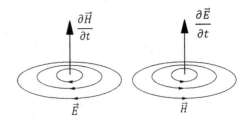

4.7   Zusammenstellung der Gleichungen

An dieser Stelle ist es angebracht die in vorangehenden Abschnitten und Kapitel erarbeiteten Formeln zusammenzustellen.

Feldgleichungen

Erste Maxwell´sche Gleichung bzw. Ampère´sche Gesetz (4.38):

$$\operatorname{rot} \vec{H} = \frac{\partial \vec{D}}{\partial t} + \vec{J} \tag{4.39}$$

Zweite Maxwell´sche Gleichung bzw. Induktionsgesetz (4.21):

$$\operatorname{rot} \vec{E} = -\frac{\partial \vec{B}}{\partial t} \tag{4.40}$$

Kontinuitätsgleichungen

Gl. (4.33):

$$\operatorname{div} \left(\frac{\partial \vec{D}}{\partial t} + \vec{J} \right) = 0 \tag{4.41}$$

Gl. (2.29):

$$\operatorname{div} \vec{D} = \varrho \tag{4.42}$$

Gl. (3.8):

$$\operatorname{div} \vec{B} = 0 \tag{4.43}$$

Stoffgleichungen für ruhende, lineare und isotrope Medien

Gl. (2.11):

$$\vec{D} = \varepsilon \cdot \vec{E} \tag{4.44}$$

Gl. (1.22):

$$\vec{J} = \sigma \cdot \vec{E} \tag{4.45}$$

Gl. (3.46):

$$\vec{B} = \mu \cdot \vec{H} \tag{4.46}$$

4.8   Zeitharmonische Felder

Im Folgenden wird angenommen, dass sich alle elektromagnetischen Felder innerhalb von linearen Medien befinden. Infolgedessen können zeitliche Änderungen dieser Felder durch Fourierreihen oder durch Fourierintegrale dargestellt werden. Dies bedeutet:

Die folgenden Betrachtungen können auf sich auf zeitlich sinus- bzw. kosinusförmige Änderungen der Feldgrößen beschränkt werden. Dabei ist es in Anlehnung an die komplexe Wechselstromrechnung zweckmäßig, die komplexe Schreibweise der Feldgrößen zu verwenden.

So gilt z. B. für die kosinusförmige Zeitabhängigkeit des elektrischen Feldvektors $\vec{E}(\vec{r}, t)$:

$$\vec{E}(\vec{r}, t) = \vec{E}(\vec{r}) \cdot \cos(\omega \cdot t + \varphi_0) \tag{4.47}$$

In Gl. (4.47) ist $\vec{r}$ der Ortsvektor der elektrischen Feldstärke und φ_0 der Phasenwinkel der kosinusförmigen Zeitabhängigkeit mit der Kreisfrequenz ω. Die komplexe Schreibweise von Gl. (4.47) lautet:

$$
\begin{aligned}
\vec{E}(\vec{r}, t) &= Re\left\{ \vec{E}(\vec{r}) \cdot e^{j \cdot (\omega \cdot t + \varphi_0)} \right\} \\
\vec{E}(\vec{r}, t) &= Re\left\{ \vec{E}(\vec{r}) \cdot e^{j \cdot \varphi_0} \cdot e^{j \cdot \omega \cdot t} \right\} = Re\left\{ \underline{\vec{E}}(\vec{r}) \cdot e^{j \cdot \omega \cdot t} \right\}
\end{aligned} \tag{4.48}
$$

denn es gilt:

$$Re\left\{ \underline{\vec{E}}(\vec{r}) \cdot e^{j \cdot \omega \cdot t} \right\} = Re\left\{ \vec{E}(\vec{r}) \cdot \left[cos(\omega \cdot t + \varphi_0) + j \cdot \sin(\omega \cdot t + \varphi_0) \right] \right\}$$

In Gl. (4.48) wird $\underline{\vec{E}}(\vec{r})$ als der komplexe Feldvektor der elektrischen Feldstärke bezeichnet. Er beinhaltet den Phasenwinkel φ_0. Um die Rechnung zu vereinfachen, wird unter Verwendung des komplexen Feldvektors $\underline{\vec{E}}(\vec{r})$ symbolhaft gerechnet, d. h. der Faktor $e^{j \cdot \omega \cdot t}$ wird bei der Berechnung unterdrückt. Dies ist zulässig, da die Vektoroperationen lediglich Differentiationen nach den Ortskoordinaten beinhalten. Bei der Differentiation nach der Zeit muss jedoch berücksichtigt werden, dass der Faktor $e^{j \cdot \omega \cdot t}$ weggelassen wurde. Für die erste und zweite Ableitung der elektrischen Feldstärke nach der Zeit gilt:

$$\frac{\partial \left(\underline{\vec{E}}(\vec{r}) \cdot e^{j \cdot \omega \cdot t} \right)}{\partial t} = j \cdot \omega \cdot \underline{\vec{E}}(\vec{r}) \cdot e^{j \cdot \omega \cdot t} \tag{4.49}$$

bzw.

$$\frac{\partial^2 \left(\underline{\vec{E}}(\vec{r}) \cdot e^{j \cdot \omega \cdot t} \right)}{\partial t^2} = -\omega^2 \cdot \underline{\vec{E}}(\vec{r}) \cdot e^{j \cdot \omega \cdot t} \tag{4.50}$$

Die erste Ableitung nach der Zeit t entspricht folglich einer Multiplikation mit $(j \cdot \omega)$ und die zweite Ableitung einer Multiplikation mit $(-\omega^2)$. Die Betrachtungen, die hier für den elektrischen Feldvektor gemacht wurden, gelten entsprechend für den magnetischen Feldvektor.

Für harmonische Zeitabhängigkeit können die Maxwellschen Gleichungen (4.39) bis (4.42) in folgender Form geschrieben werden:

Feldgleichungen

$$\operatorname{rot} \vec{H} = \vec{J} + j \cdot \omega \cdot \vec{D} \tag{4.51}$$

$$\operatorname{rot} \vec{E} = -j \cdot \omega \cdot \vec{B} \tag{4.52}$$

Kontinuitätsgleichungen

$$\operatorname{div}\left(j \cdot \omega \cdot \vec{D} + \vec{J}\right) = 0 \tag{4.53}$$

$$\operatorname{div} \vec{D} = \varrho \quad \text{bzw.} \quad \operatorname{div} \vec{E} = \frac{\varrho}{\varepsilon} \tag{4.54}$$

Die harmonische Zeitabhängigkeit kann wieder explizit hergestellt werden, indem das Ergebnis der Rechnung entsprechend Gl. (4.48) mit $e^{j \cdot \omega \cdot t}$ multipliziert und dann der Realteil gebildet wird.

4.9   Wellengleichungen

Eine Welle ist eine räumlich sich ausbreitende Veränderung einer orts- und zeitabhängigen physikalischen Größe. In der Elektrodynamik sind dies die elektrische und die magnetische Feldstärke. In den folgenden Abschnitten werden elektromagnetische Wellen betrachtet, die sich im Vakuum ausbreiten. Am Anfang dieser Betrachtungen steht die Zeitfunktion für die eindimensionale Wellenausbreitung, unabhängig vom Ausbreitungsmedium. Für die Berechnung der elektromagnetischen Wellen stehen uns die Maxwell´schen Gleichungen zu Verfügung. Dies sind partielle Differentialgleichungen im dreidimensionalen Raum. Aus diesem Grund wird im ersten Schritt, ausgehend von der Zeitfunktion eindimensionaler Wellen, die Differentialgleichung für dreidimensionale Felder hergeleitet.

Ausgangspunkt für die Betrachtungen zu den Wellengleichungen ist die Funktion

$$f\left(t - \frac{z}{c}\right) = U \cdot e^{-a \cdot z} \cdot \cos\left[\left(t - \frac{z}{c}\right) + \varphi\right] \tag{4.55}$$

Der Faktor $\left(U \cdot e^{-a \cdot z}\right)$ ist die Amplitude der Spannungswelle, die beim Fortschreiten abnimmt.

Der Graph dieser Funktion ist in Abb. 4.19 für die beiden Zeitpunkte t_1 und t_2 dargestellt. Das markierte Maximum liegt zum Zeitpunkt t_1 bei z_1 und zum Zeitpunkt t_2 bei z_2. Man erkennt, dass die Funktion $f\left(t - \frac{z}{c}\right)$ eine sich örtlich mit der Geschwindigkeit

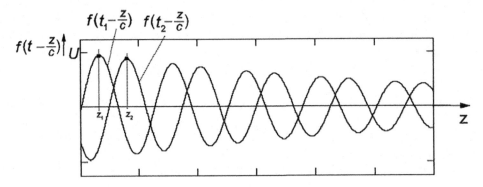

Abb. 4.19 Wellenausbreitung

c in positiver z-Richtung ausbreitende, eindimensionale Welle ist. Der Wegunterschied $(z_2 - z_1)$ beträgt:

$$(z_2 - z_1) = (t_2 - t_1) \cdot c \tag{4.56}$$

Für die Ausbreitungsgeschwindigkeit gilt somit:

$$c = \frac{(z_2 - z_1)}{(t_2 - t_1)} \tag{4.57}$$

Da die Funktionswerte mit wachsendem z abnehmen, handelt es sich um die Ausbreitung einer gedämpften Welle.

Für eine gleichartige Welle, wie sie in Abb. 4.19 dargestellt ist, die jedoch in negativer Richtung fortschreitet, gilt:

$$g\left(t + \frac{z}{c}\right) = U \cdot e^{-a \cdot x} \cdot \cos\left[\left(t + \frac{z}{c}\right) + \varphi\right] \tag{4.58}$$

Um die unterschiedlichsten Wellenformen einschließlich stehender Wellen zu erzeugen, sind hin- und rücklaufende Welle zu überlagern. Um die Zeitfunktion allgemeiner Wellen zu erhalten sind deshalb Gl. (4.55) und Gl. (4.58) zu addieren:

$$w(z, t) = f\left(t - \frac{z}{c}\right) + g\left(t + \frac{z}{c}\right) \tag{4.59}$$

Ausgehend von dieser Gleichung erfolgt der Übergang zur partiellen Differential-gleichung für die Wellenausbreitung. Mit

$$u = \left(t - \frac{z}{c}\right) \tag{4.60}$$

und

$$v = \left(t + \frac{z}{c}\right) \tag{4.61}$$

erhält man:

$$\frac{\partial w}{\partial z} = \frac{df}{du} \cdot \frac{\partial u}{\partial z} + \frac{dg}{dv} \cdot \frac{\partial v}{\partial z} \tag{4.62}$$

Aus Gl. (4.59) folgt mit den Gleichungen (4.60) und (4.61):

$$\frac{\partial w}{\partial z} = \frac{df}{du} \cdot \left(-\frac{1}{c}\right) + \frac{dg}{dv} \cdot \left(\frac{1}{c}\right)$$

bzw.

$$\frac{\partial w}{\partial z} = -\frac{1}{c} \cdot \frac{df}{du} + \frac{1}{c} \cdot \frac{dg}{dv} \tag{4.63}$$

Für die zweite, partielle Ableitung nach z gilt:

$$\frac{\partial^2 w}{\partial z^2} = -\frac{1}{c} \cdot \frac{d^2 f}{du^2} \cdot \frac{\partial u}{\partial z} + \frac{1}{c} \cdot \frac{d^2 g}{dv^2} \cdot \frac{\partial v}{\partial z}$$

Aus den Gleichungen (4.59), (4.60) und (4.61) folgt damit:

$$\frac{\partial^2 w}{\partial z^2} = -\frac{1}{c} \cdot \frac{d^2 f}{du^2} \cdot \left(-\frac{1}{c}\right) + \frac{1}{c} \cdot \frac{d^2 g}{dv^2} \cdot \left(\frac{1}{c}\right)$$

bzw.

$$\frac{\partial^2 w}{\partial z^2} = \frac{1}{c^2} \cdot \left(\frac{d^2 f}{du^2} + \frac{d^2 g}{dv^2}\right) \tag{4.64}$$

Für die zweite Ableitung der Funktion $w(z, t)$ nach der Zeit t erhält man:

$$\frac{\partial^2 w}{\partial t^2} = \frac{d^2 f}{du^2} + \frac{d^2 g}{dv^2} \tag{4.65}$$

Setzt man dies in Gl. (4.64) ein, so folgt die Differentialgleichung

$$\frac{\partial^2 w}{\partial z^2} - \frac{1}{c^2} \cdot \frac{\partial^2 w}{\partial t^2} = 0 \tag{4.66}$$

Gl. (4.66) ist die sogenannte Wellengleichung für die Ausbreitung einer eindimensionalen Welle. Sie ist eine Differentialgleichung 2. Ordnung und die einfachste Form der Wellengleichung. Gl. (4.59) ist die allgemeine Lösung dieser partiellen Differentialgleichung.

Für den Fall, dass die Funktionen $f(z, t)$ und $g(z, t)$ zeitharmonische Funktionen entsprechend Gl. (4.58) sind, und somit auch die Funktion $w(z, t)$, nimmt Gl. (4.66) entsprechend Gl. (4.50) die folgende Form an:

$$\frac{\partial^2 \underline{w}}{\partial z^2} + \frac{\omega^2}{c^2} \cdot \underline{w} = 0 \tag{4.67}$$

Abb. 4.20 Bild der Welle eines zweidimensionalen, skalaren Feldes. (Quelle: Fotolia_41270407_L)

Die Gleichungen (4.66) und (4.67) sind Wellengleichungen von eindimensionalen, skalaren Feldern. In Abb. 4.20 ist die Welle eines zweidimensionalen, skalaren Feldes dargestellt. Eine Wasserwelle ist z. B. eine Welle dieser Art. Dabei ist der Skalar die Höhe der Wasseroberfläche, die vom Abstand zum Ort der Anregung der Welle und von der Zeit abhängt.

Wellen eines dreidimensionalen Feldes sind als zweidimensionales Bild nicht darstellbar. Für das Bild der Welle eines dreidimensionalen, skalaren Feldes, muss man sich eine Transformation von Abb. 4.20 in den dreidimensionalen Raum vorstellen.

Für die Herleitung der Wellengleichung eines dreidimensionalen, skalaren Feldes für harmonische Zeitabhängigkeit wird von Gl. (4.67) ausgegangen. Dabei tritt an die Stelle der Funktion $\underline{w}(z)$ die Funktion $\underline{w}(x, y, z)$ und an die Stelle der partiellen Ableitung in z-Richtung die räumliche Ableitung, d. h. der Gradient (grad $\underline{w}$). Das Ergebnis der räumlichen Ableitung, d. h. das Ergebnis der Gradientenbildung ist ein Vektor. Da die Wellengleichung eine partielle Differentialgleichung 2. Ordnung ist, muss auf die Gradientenbildung eine weitere Differentiation folgen. Die räumliche Ableitung des Vektors (grad $\underline{w}(x, y, z)$) ist die Divergenz dieses Vektors, d. h. im Falle kartesicher Koordinaten die Änderung der x-Koordinate des Vektors (grad $\underline{w}(x, y, z)$) in x-Richtung plus der Änderung der y-Koordinate in y-Richtung plus der Änderung der z-Koordinate in z-Richtung. Damit erhält man die zweite räumliche Ableitung der Funktion $\underline{w}(x, y, z)$. Das Ergebnis ist ein Skalar. Somit gilt für die Wellengleichung einer harmonischen Welle eines dreidimensionalen, skalaren Feldes:

$$\text{div}(\text{grad}\,\underline{w}(x, y, z)) + \frac{\omega^2}{c^2} \cdot \underline{w}(x, y, z) = 0 \qquad (4.68)$$

Für den Anteil div(grad $\underline{w}$) in dieser Gleichung gilt (vgl. Gl. (1.7) und Gl. (2.30)):

$$\text{div}(\text{grad}\,\underline{w}) = \frac{\partial}{\partial x}\left(\frac{\partial w}{\partial x}\right) + \frac{\partial}{\partial y}\left(\frac{\partial w}{\partial y}\right) + \frac{\partial}{\partial z}\left(\frac{\partial w}{\partial z}\right)$$

Für die Operation

$$\text{div}(\text{grad}\,\underline{w}) = \text{div}(\nabla \underline{w}) = \nabla \cdot (\nabla \underline{w})$$

ist die folgende Schreibweise üblich:

$$\nabla \cdot (\nabla \underline{w}) = \nabla^2 \underline{w} \tag{4.69}$$

Damit nimmt Gl. (4.68) folgende Form an:

$$\nabla^2 \underline{w} + \frac{\omega^2}{c^2} \cdot \underline{w} = 0 \tag{4.70}$$

Eine elektromagnetische Welle ist eine sich räumlich ausbreitende Veränderung des orts- und zeitabhängigen magnetischen Feldvektors und des orts- und zeitabhängigen elektrischen Feldvektors. Deshalb muss für den Fall von räumlichen, d. h. dreidimensionalen Vektorfeldern Gl. (4.70) in der folgenden Form abgewandelt werden:

$$\nabla^2 \overrightarrow{\underline{w}} + \frac{\omega^2}{c^2} \cdot \overrightarrow{\underline{w}} = 0 \tag{4.71}$$

Die Anwendung des Operators $\nabla^2 \overrightarrow{\underline{w}}$ auf ein Vektorfeld ist in kartesischen Koordinaten dabei wie folgt definiert:

$$\nabla^2 \overrightarrow{\underline{w}} = \left(\nabla^2 \underline{w}_x\right) \cdot \vec{e}_x + \left(\nabla^2 \underline{w}_y\right) \cdot \vec{e}_y + \left(\nabla^2 \underline{w}_z\right) \cdot \vec{e}_z \tag{4.72}$$

Die homogenen partiellen Differentialgleichungen (4.70) und (4.71) nehmen keine Rücksicht auf die Art der Anregung der Felder. Sie gelten für quellenfreie Bereiche. Die Art der Wellenausbreitung wird dabei lediglich durch die Randbedingungen bestimmt. Bei Wellenleitern wie z. B. verlustlosen Hohlleitern ist dies die Bedingung, dass die tangentialen Komponenten der elektrischen Feldstärke an den ideal leitenden Hohlleiterwänden verschwinden und somit die Ausbreitung nur in Richtung der Hohlleiterachse erfolgt.

Im Unterschied zu den homogenen partiellen Differentialgleichungen (4.70) und (4.71), enthält die folgende Gl. (4.73) einen sogenannten Störvektor $\overrightarrow{\underline{s}}$. Er beinhaltet die Eigenschaften des Senders, der für die Anregung der elektromagnetischen Welle verantwortlich ist.

$$\nabla^2 \overrightarrow{\underline{w}} + \frac{\omega^2}{c^2} \cdot \overrightarrow{\underline{w}} = \overrightarrow{\underline{s}} \tag{4.73}$$

Diese Gleichung ist drei skalaren Gleichungen äquivalent, wobei alle Komponenten grundsätzlich von den drei Koordinaten x, y und z abhängig sind.

$$\nabla^2 \underline{w}_x + \frac{\omega^2}{c^2} \cdot \underline{w}_x = \underline{s}_x$$

$$\nabla^2 \underline{w}_y + \frac{\omega^2}{c^2} \cdot \underline{w}_y = \underline{s}_y \qquad (4.74)$$

$$\nabla^2 \underline{w}_z + \frac{\omega^2}{c^2} \cdot \underline{w}_z = \underline{s}_z$$

4.10   Inhomogene Wellengleichung für den elektrischen und den magnetischen Feldvektor

In diesem Abschnitt wird gezeigt, dass in den Maxwellschen Gleichungen, was man diesem Gleichungssystem nicht ohne weiteres ansieht, die Ausbreitung von elektromagnetischen Wellen implementiert ist. Ausgangspunkt ist dabei die erste Maxwellsche Gleichung (4.38)

$$\text{rot } \vec{H} = \frac{\partial \vec{D}}{\partial t} + \vec{J}$$

bzw.

$$\text{rot } \vec{B} = \varepsilon \cdot \mu \cdot \frac{\partial \vec{E}}{\partial t} + \mu \cdot \vec{J}$$

Für den Fall des freien Raumes (Vakuum: $\mu = \mu_0$ und $\varepsilon = \varepsilon_0$) gilt:

$$\text{rot } \vec{B} = \varepsilon_0 \cdot \mu_0 \cdot \frac{\partial \vec{E}}{\partial t} + \mu_0 \cdot \vec{J} \qquad (4.75)$$

Von der zweiten Maxwellschen Gleichung (4.21)

$$\text{rot } \vec{E} = -\frac{\partial \vec{B}}{\partial t}$$

wird die Rotation gebildet:

$$\text{rot rot } \vec{E} = -\frac{\partial}{\partial t}\left(\text{rot } \vec{B}\right)$$

In diese Gleichung wird rot $\vec{B}$ aus Gl. (4.75) eingesetzt:

$$\text{rot rot } \vec{E} = -\frac{\partial}{\partial t}\left(\varepsilon_0 \cdot \mu_0 \cdot \frac{\partial \vec{E}}{\partial t} + \mu_0 \cdot \vec{J}\right)$$

$$\text{rot rot } \vec{E} = -\varepsilon_0 \cdot \mu_0 \cdot \frac{\partial^2 \vec{E}}{\partial t^2} - \mu_0 \cdot \frac{\partial \vec{J}}{\partial t} \qquad (4.76)$$

Mit der Beziehung aus der Vektoranalysis (siehe (3.88)):

$$\text{rot}\left(\text{rot}\,\vec{E}\right) = \text{grad}\left(\text{div}\,\vec{E}\right) - \nabla^2\vec{E} \tag{4.77}$$

erhält man durch Gleichsetzung von (4.76) mit (4.77):

$$-\varepsilon_0 \cdot \mu_0 \cdot \frac{\partial^2\vec{E}}{\partial t^2} - \mu_0 \cdot \frac{\partial\vec{J}}{\partial t} = \text{grad}\left(\text{div}\,\vec{E}\right) - \nabla^2\vec{E}$$

Setzt man in diese Gl. die Beziehung (4.42)

$$\text{div}\,\vec{D} = \varrho$$

bzw.

$$\text{div}\,\vec{E} = \frac{\varrho}{\varepsilon_0}$$

ein, so erhält man:

$$-\varepsilon_0 \cdot \mu_0 \cdot \frac{\partial^2\vec{E}}{\partial t^2} - \mu_0 \cdot \frac{\partial\vec{J}}{\partial t} = \text{grad}\left(\frac{\varrho}{\varepsilon_0}\right) - \nabla^2\vec{E}$$

Für den Fall eines raumladungsfreien Raumes ($\varrho = 0$) gilt:

$$\nabla^2\vec{E} - \varepsilon_0 \cdot \mu_0 \cdot \frac{\partial^2\vec{E}}{\partial t^2} = \mu_0 \cdot \frac{\partial\vec{J}}{\partial t} \tag{4.78}$$

Für harmonische Zeitabhängigkeit geht diese Gleichung über in (siehe auch (4.50)):

$$\nabla^2\underline{\vec{E}} + \omega^2 \cdot \varepsilon_0 \cdot \mu_0 \cdot \underline{\vec{E}} = j \cdot \omega \cdot \mu_0 \cdot \underline{\vec{J}} \tag{4.79}$$

Gl. (4.79) entspricht der inhomogenen Wellengleichung (4.73). In dieser Gleichung ist

$$\frac{1}{\sqrt{\varepsilon_0 \cdot \mu_0}}$$

die Ausbreitungsgeschwindigkeit der elektromagnetischen Welle. Da sich elektromagnetische Wellen im freien Raum mit Lichtgeschwindigkeit ausbreiten, gilt somit für die Lichtgeschwindigkeit c_0:

$$c_0 = \frac{1}{\sqrt{\varepsilon_0 \cdot \mu_0}} \tag{4.80}$$

Die Lichtgeschwindigkeit in Vakuum beträgt $2{,}99792458 \cdot 10^8$m/s. Somit erhält man für die absolute Permittivität ε_0 (siehe Gleichungen (2.8) und (3.47)):

$$\varepsilon_0 = \frac{1}{c_0^2 \cdot \mu_0} = \frac{1}{\left(2,99792458 \cdot 10^8\right)^2 \cdot 4 \cdot \pi \cdot 10^{-7}} \cdot \frac{s^2 \cdot A \cdot m}{m^2 \cdot V \cdot s}$$

$$\varepsilon_0 = 8,8541878 \cdot 10^{-12} \frac{A \cdot s}{V \cdot m} \tag{4.81}$$

Mit (4.80) nimmt die Wellengleichung (4.79) die folgende Form an:

$$\nabla^2 \underline{\vec{E}} + \frac{\omega^2}{c_0^2} \cdot \underline{\vec{E}} = j \cdot \omega \cdot \mu_0 \cdot \underline{\vec{J}} \tag{4.82}$$

Ausgangspunkt für die Ableitung der Wellengleichung für den magnetischen Feldvektor ist ebenfalls die erste Maxwellsche Gleichung in der Form von (4.75)

$$\operatorname{rot} \vec{B} = \frac{1}{c_0^2} \cdot \frac{\partial \vec{E}}{\partial t} + \mu_0 \cdot \vec{J}$$

Durch Rotationsbildung erhält man:

$$\operatorname{rot}\left(\operatorname{rot} \vec{B}\right) = \frac{1}{c_0^2} \cdot \frac{\partial}{\partial t}\left(\operatorname{rot} \vec{E}\right) + \mu_0 \cdot \operatorname{rot} \vec{J} \tag{4.83}$$

Mit der Beziehung aus der Vektoranalysis (siehe (3.88)):

$$\operatorname{rot}\left(\operatorname{rot} \vec{B}\right) = \operatorname{grad}\left(\operatorname{div} \vec{B}\right) - \nabla^2 \vec{B} \tag{4.84}$$

und Gl. (4.43)

$$\operatorname{div} \vec{B} = 0$$

geht (4.83) über in:

$$\frac{1}{c_0^2} \cdot \frac{\partial}{\partial t}\left(\operatorname{rot} \vec{E}\right) + \mu_0 \cdot \operatorname{rot} \vec{J} = -\nabla^2 \vec{B}$$

Mit der zweiten Maxwellschen Gleichung (4.21)

$$\operatorname{rot} \vec{E} = -\frac{\partial \vec{B}}{\partial t}$$

erhält man:

$$-\frac{1}{c_0^2} \cdot \frac{\partial^2}{\partial t^2}\left(\vec{B}\right) + \mu_0 \cdot \operatorname{rot} \vec{J} = -\nabla^2 \vec{B}$$

bzw.

$$\nabla^2 \vec{B} - \frac{1}{c_0^2} \cdot \frac{\partial^2}{\partial t^2} \vec{B} = -\mu_0 \cdot \mathrm{rot}\, \vec{J} \qquad (4.85)$$

Gl. (4.85) ist entsprechend (4.73) die inhomogene Wellengleichung für das magnetische Vektorfeld. Der Term $-\mu_0 \cdot \mathrm{rot}\, \vec{J}$ beschreibt die Anregung der Welle durch die Stromdichte $\vec{J}$. Für harmonische Zeitabhängigkeit geht Gl. (4.85) über in (siehe auch Gl. (4.50)):

$$\nabla^2 \underline{\vec{B}} + \frac{\omega^2}{c_0^2} \cdot \underline{\vec{B}} = -\mu_0 \cdot \mathrm{rot}\, \underline{\vec{J}} \qquad (4.86)$$

4.11 Inhomogene Wellengleichung für das magnetische Vektorpotential

Die Lösung der Maxwellschen Gleichungen erfolgt zweckmäßigerweise über den Umweg des magnetischen Vektorpotentials. Die Integration der noch abzuleitenden inhomogenen partiellen Differentialgleichung für das Vektorpotential ist einfacher als die unmittelbare Integration der Maxwellschen Feldgleichungen. Die magnetischen und elektrischen Feldgrößen, die das eigentliche Ziel der Berechnungen sind, werden durch Differentiation aus dem Vektorpotential gewonnen.

Nach (3.96) gilt für den Zusammenhang zwischen magnetischer Feldstärke $\vec{H}$ und dem Vektorpotential $\vec{A}$ für den Fall einer harmonischen Zeitabhängigkeit (siehe auch Abschn. 4.8):

$$\underline{\vec{B}} = \mathrm{rot}\, \underline{\vec{A}} \qquad (4.87)$$

Mit (4.52)

$$\mathrm{rot}\, \underline{\vec{E}} = -j \cdot \omega \cdot \underline{\vec{B}}$$

erhält man aus (4.87) die folgende Beziehung:

$$\mathrm{rot}\, \underline{\vec{E}} = -j \cdot \omega \cdot \mathrm{rot}\, \underline{\vec{A}}$$

bzw.

$$\mathrm{rot}\left(\underline{\vec{E}} + j \cdot \omega \cdot \underline{\vec{A}}\right) = 0 \qquad (4.88)$$

Nach (3.86) gilt:

$$\mathrm{rot}\, \mathrm{grad}\, \varphi = 0$$

bzw.

$$\mathrm{rot}\, \mathrm{grad}\, \underline{\varphi} = 0$$

In Verbindung mit (4.88) kann ein skalares Potential φ eingeführt werden, für das gilt:

$$\vec{\underline{E}} + j \cdot \omega \cdot \vec{\underline{A}} = -\text{grad } \underline{\varphi} \tag{4.89}$$

bzw.:

$$\vec{\underline{E}} = -\text{grad } \underline{\varphi} - j \cdot \omega \cdot \vec{\underline{A}} \tag{4.90}$$

Im Unterschied zum statischen Fall (siehe (1.5)) hängt das so definierte skalare Potential φ bzw. $\underline{\varphi}$ sowohl vom elektrischen Vektorfeld $\vec{\underline{E}}$ als auch vom magnetischen Vektorpotential $\vec{\underline{A}}$ ab:

$$-\text{grad } \underline{\varphi} = \vec{\underline{E}} + j \cdot \omega \cdot \vec{\underline{A}}$$

Sind $\underline{\varphi}$ und $\vec{\underline{A}}$ bestimmt, können $\vec{\underline{E}}$ und $\vec{\underline{B}}$ aus den Gleichungen (4.87) und (4.90) ermittelt werden.

Es stellt sich nun die Frage, wie das skalare Potential φ und das Vektorpotential $\vec{\underline{A}}$ ermittelt werden können. Hierzu werden (4.87) und (4.90) mit der noch unbenutzten Maxwellschen Gleichung (4.51) verknüpft.

Aus (4.51)

$$\text{rot } \vec{\underline{H}} = \vec{\underline{J}} + j \cdot \omega \cdot \vec{\underline{D}}$$

erhält man zunächst die folgende Beziehung:

$$\text{rot } \vec{\underline{H}} = \frac{1}{\mu_0} \cdot \text{rot } \vec{\underline{B}} = \vec{\underline{J}} + j \cdot \omega \cdot \vec{\underline{D}} = \vec{\underline{J}} + j \cdot \omega \cdot \varepsilon_0 \cdot \vec{\underline{E}}$$

Mit der Lichtgeschwindigkeit

$$c_0 = \frac{1}{\sqrt{\varepsilon_0 \cdot \mu_0}}$$

nimmt diese Gleichung die folgende Form an:

$$\text{rot } \vec{\underline{B}} = \mu_0 \cdot \vec{\underline{J}} + j \cdot \omega \cdot \frac{1}{c_0^2} \cdot \vec{\underline{E}} \tag{4.91}$$

Durch die Anwendung der Beziehung der Vektoranalysis (siehe (3.88))

$$\nabla^2 \vec{\underline{A}} = \text{grad}\left(\text{div } \vec{\underline{A}}\right) - \text{rot}\left(\text{rot } \vec{\underline{A}}\right) \tag{4.92}$$

erhält man mit (4.87) und (4.91):

$$\nabla^2 \vec{\underline{A}} = \text{grad}\left(\text{div } \vec{\underline{A}}\right) - \text{rot } \vec{\underline{B}}$$

$$\nabla^2 \overrightarrow{\underline{A}} = \text{grad}\left(\text{div } \overrightarrow{\underline{A}}\right) - \mu_0 \cdot \overrightarrow{\underline{J}} - j \cdot \omega \cdot \frac{1}{c_0^2} \overrightarrow{\underline{E}} \qquad (4.93)$$

Mit (4.90) folgt dann weiter:

$$\nabla^2 \overrightarrow{\underline{A}} = \text{grad}\left(\text{div } \overrightarrow{\underline{A}}\right) - \mu_0 \cdot \overrightarrow{\underline{J}} - j\omega \cdot \frac{1}{c_0^2}\left(-\text{grad } \underline{\varphi} - j\omega \cdot \overrightarrow{\underline{A}}\right)$$

bzw.

$$\nabla^2 \overrightarrow{\underline{A}} = \text{grad}\left(\text{div } \overrightarrow{\underline{A}} + j\omega \cdot \frac{1}{c_0^2} \cdot \underline{\varphi}\right) - \mu_0 \cdot \overrightarrow{\underline{J}} - \frac{\omega^2}{c_0^2} \cdot \overrightarrow{\underline{A}}$$

oder

$$\nabla^2 \overrightarrow{\underline{A}} + \frac{\omega^2}{c_0^2} \cdot \overrightarrow{\underline{A}} - \text{grad}\left(\text{div } \overrightarrow{\underline{A}} + \frac{j\omega}{c_0^2} \cdot \underline{\varphi}\right) = -\mu_0 \cdot \overrightarrow{\underline{j}} \qquad (4.94)$$

Mit dem Helmholtzschen Theorem[10] kann diese Beziehung vereinfacht werden. Das Theorem besagt[11]:

Ein Vektorfeld $\vec{A}$ wird bis auf eine additive Konstante vollständig durch die Angabe seiner Quellen und seiner Wirbel bestimmt.

Bisher wurden mit Gl. (4.87) durch $\overrightarrow{\underline{B}} = \text{rot } \overrightarrow{\underline{A}}$ nur die Wirbel des Vektorfelde festgelegt. Über die Quellen kann noch frei verfügt werden. Die Quellen werden zweckmäßigerweise so festgelegt, dass Gl. (4.94) möglichst einfach ist, d. h. der Klammerausdruck in Gl. (4.94) wird gleich Null gesetzt:

$$\text{div } \overrightarrow{\underline{A}} + \frac{j\omega}{c_0^2} \cdot \underline{\varphi} = 0 \qquad (4.95)$$

Diese Festlegung wird als Lorenz-Eichung[12] bezeichnet. Mit Gl. (4.95) geht Gl. (4.94) über in folgende Gleichung:

$$\nabla^2 \overrightarrow{\underline{A}} + \frac{\omega^2}{c_0^2} \cdot \overrightarrow{\underline{A}} = -\mu_0 \cdot \overrightarrow{\underline{J}} \qquad (4.96)$$

Gl. (4.96) hat die Form von (4.73) und ist damit die gesuchte inhomogene Wellengleichung für das Vektorpotential $\overrightarrow{\underline{A}}$ für den Fall einer harmonischen Zeitabhängigkeit.

Mit (4.90):

$$\overrightarrow{\underline{E}} = -\text{grad } \underline{\varphi} - j \cdot \omega \cdot \overrightarrow{\underline{A}}$$

---

[10]Helmholtz, Hermann Ludwig Ferdinand, ab 1883 von Helmholtz, deutscher Physiologe und Physiker,* 1821, † 1894.

[11]Siehe [2] und [5] und die Bemerkung in [3] auf Seite 322.

[12]Lorenz, Ludvig Valentin, dänischer Physiker, * 1829, † 1891.

bzw.

$$\operatorname{grad} \underline{\varphi} = -\overrightarrow{\underline{E}} - j \cdot \omega \cdot \overrightarrow{\underline{A}}$$

erhält man mit (4.95) die folgende Beziehung:

$$\operatorname{grad} \operatorname{div} \overrightarrow{\underline{A}} + \frac{j\omega}{c_0^2} \cdot \operatorname{grad} \underline{\varphi} = 0$$

Weiter gilt:

$$\operatorname{grad} \operatorname{div} \overrightarrow{\underline{A}} + \frac{j\omega}{c_0^2} \cdot \left(-\overrightarrow{\underline{E}} - j \cdot \omega \cdot \overrightarrow{\underline{A}} \right) = 0$$

$$\frac{j\omega}{c_0^2} \cdot \overrightarrow{\underline{E}} = \operatorname{grad} \operatorname{div} \overrightarrow{\underline{A}} + \frac{\omega^2}{c_0^2} \cdot \overrightarrow{\underline{A}}$$

$$\overrightarrow{\underline{E}} = \frac{c_0^2}{j\omega} \cdot \left(\operatorname{grad} \operatorname{div} \overrightarrow{\underline{A}} + \frac{\omega^2}{c_0^2} \cdot \overrightarrow{\underline{A}} \right) \tag{4.97}$$

Damit können, wenn das magnetische Vektor potential $\overrightarrow{\underline{A}}$ bestimmt ist, mit (4.87) die magnetische Flussdichte und mit (4.97) die elektrische Feldstärke berechnet werden. Alternativ hierzu kann, wenn mit Hilfe von (4.87) die magnetische Flussdichte $\overrightarrow{\underline{B}} = \mu_0 \cdot \overrightarrow{\underline{H}}$ berechnet wurde, mit (4.51) die elektrische Feldstärke $\overrightarrow{\underline{E}}$ berechnet werden:

$$\overrightarrow{\underline{E}} = \frac{1}{j \cdot \omega \cdot \varepsilon_0} \left(\operatorname{rot} \overrightarrow{\underline{H}} - \overrightarrow{\underline{J}} \right) \tag{4.98}$$

4.12   Lösung der Wellengleichung für das Vektorpotential durch das retardierte Potential

Die Lösung der inhomogenen Wellengleichung (4.96) ist eine Welle, die vom Sender ausgeht, dessen zeit- und ortsabhängige Stromdichte $\overrightarrow{\underline{J}}$ die Ursache dieser Welle ist. Die Lösung dieser Wellengleichung erfolgt zweckmäßigerweise über den Umweg des magnetischen Vektorpotentials. Die Berechnung des Vektorpotentials für den statischen Fall nach Gl. (3.103) ist ein Spezialfall der Lösung der Wellengleichung (4.96). Analog zum statischen Fall ist das am Ort P bzw. $\vec{r}$ zur Zeit t vorliegende Vektorpotential $\overrightarrow{\underline{A}}\,(\vec{r}, t)$ eine Überlagerung der Beiträge der zeitabhängigen Stromdichten $\overrightarrow{\underline{J}}$ an allen Orten $\vec{r}$ (siehe Abb. 4.21). Dabei ist zu beachten, dass der vom Volumenelement dV zum Zeitpunkt t im Aufpunkt P erzeugte Beitrag um $|\vec{r} - \vec{r}_V|$ vom Aufpunkt entfernt ist und somit zu der Zeit

$$t^* = t - \frac{|\vec{r} - \vec{r}_V|}{c_0} \tag{4.99}$$

d. h. um $|\vec{r} - \vec{r}_V|/c_0$ früher als t gesendet wurde. Dabei ist c_0 die Lichtgeschwindigkeit, da im vorliegenden Fall ein freier Raum mit $\mu = \mu_0$ und $\varepsilon = \varepsilon_0$ angenommen wird.

Abb. 4.21 Zeit- und ortsabhängiges Vektorfeld der Stromdichte $\vec{J}$

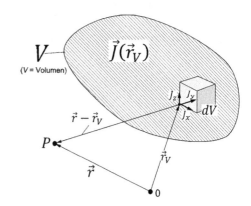

Aus diesen Überlegungen ist für die Lösung der partiellen Differentialgleichung (4.96) die Gl. (3.103), die für den statischen Fall gilt, wie folgt abzuändern:

$$\vec{A}(\vec{r},t) = \frac{\mu_0}{4 \cdot \pi} \cdot \iiint\limits_V \frac{\vec{J}(\vec{r}_V, t^*)}{|\vec{r} - \vec{r}_V|} \cdot dV \tag{4.100}$$

Das Vektorpotential nach Gl. (4.100) wird als retardiertes Potential bezeichnet, da es durch Beiträge entsteht, die zur sogenannten retardierten Zeit t^* gesendet wurden. Für den Fall, dass die Zeitabhängigkeit der Stromdichte im Volumenelement dV harmonisch ist, gilt entsprechend Gl. (4.48) gilt:

$$\vec{J}\left(\vec{r}', t^*\right) = Re\left\{\vec{J}(\vec{r}) \cdot e^{j \cdot \varphi_0} \cdot e^{j \cdot \omega \cdot \left(t - \frac{|\vec{r} - \vec{r}_V|}{c_0}\right)}\right\}$$

Mit

$$\underline{\vec{J}}(\vec{r}) = \vec{J}(\vec{r}) \cdot e^{j \cdot \varphi_0} \cdot e^{j \cdot \omega \cdot t}$$

folgt:

$$\vec{J}\left(\vec{r}_V, t^*\right) = Re\left\{\vec{J}(\vec{r}) \cdot e^{j \cdot \varphi_0} \cdot e^{j \cdot \omega \cdot t} \cdot e^{j \cdot \omega \cdot \left(-\frac{|\vec{r} - \vec{r}_V|}{c_0}\right)}\right\} = Re\left\{\underline{\vec{J}}(\vec{r}) \cdot e^{-j \cdot \frac{\omega}{c_0} \cdot |\vec{r} - \vec{r}_V|}\right\}$$

Entsprechend den Ausführungen in Abschn. 4.8 wird für harmonische Zeitabhängigkeit die Rechnung mit dem komplexen Vektor $\underline{\vec{J}}(\vec{r})$ durchgeführt und der Faktor $e^{j \cdot \omega \cdot t}$ unterdrückt.

In Gl. (4.100) ist für harmonische Zeitabhängigkeit die Stromdichte $\vec{J}\left(\vec{r}', t^*\right)$ folglich durch

$$\underline{\vec{J}}(\vec{r}) \cdot e^{-j \cdot \frac{\omega}{c_0} \cdot |\vec{r} - \vec{r}_V|}$$

zu ersetzen.

Gl. (4.100) geht damit über in folgende Gleichung:

$$\overrightarrow{\underline{A}}\,(\vec{r},t) = \frac{\mu_0}{4\cdot\pi}\cdot\iiint\limits_{V}\overrightarrow{\underline{J}}\,(\vec{r})\cdot\frac{e^{-j\cdot\frac{\omega}{c_0}\cdot|\vec{r}-\vec{r}_V|}}{|\vec{r}-\vec{r}_V|}\cdot dV \qquad (4.101)$$

Diese Gleichung ist in Kap. 5 der Ausgangspunkt für die Berechnung der elektromagnetischen Wellen, die vom Hertzschen Dipol ausgehen.

4.13   Energietransport im elektromagnetischen Feld

In Kap. 1 und 2 wurden die Gleichungen zu Berechnung der im statischen, elektrischen bzw. im statischen, magnetischen Feld gespeicherten Energiedichten w_{el} und w_{magn} hergeleitet (siehe (2.58) und (4.15))

$$w_{el} = \frac{1}{2}\cdot\varepsilon\cdot E^2 \qquad (4.102)$$

und

$$w_{magn} = \frac{1}{2}\cdot\mu\cdot H^2 \qquad (4.103)$$

Ändern sich die Feldgrößen $\overrightarrow{E}$ und $\overrightarrow{H}$ zeitlich im elektromagnetischen Feld, so findet ein Energietransport statt. In Abb. 4.22 ist eine Oberfläche A des Volumens V dargestellt. Um den Energiefluss durch die Oberfläche A darzustellen, wird ein Vektor $\vec{S}$ eingeführt, der die elektromagnetische Energiedichte darstellt, d. h. die auf das Flächenelement dA

Abb. 4.22 Poyntingscher Vektor

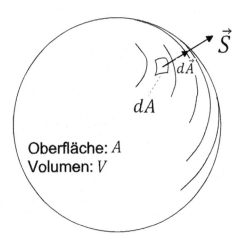

Oberfläche: A
Volumen: V

bezogene Energie, darstellt, die sich in Richtung des Vektors $\vec{S}$ bewegt[13]. Er wird als Poyntingscher Vektor bezeichnet[14].

Der Poyntingsche Vektor ist ein Vektor, der in die Raumrichtung des Energieflusses zeigt. Sein Betrag entspricht der Leistungsdichte der Welle, d. h. der Energie, die pro Zeiteinheit durch ein Flächenelement hindurchtritt, das senkrecht zur Richtung des Poyntingschen Vektors orientiert ist. Der Poyntingsche Vektor ist nach dem englischen Physiker benannt, der den Begriff des Energieflusses in die Elektrodynamik eingeführt hat. Der Poyntingsche Vektor hat die Dimension

$$\frac{Energie}{Fläche \cdot Zeit} = \frac{Leistung}{Fläche}$$

Da der Vektor $\vec{S}$ die Energieflussdichte angibt, gilt für die Leistung P, die durch die Oberfläche A tritt:

$$P = \oiint_A \vec{S} \cdot d\vec{A} \tag{4.104}$$

Mit dem Integralsatz von Gauß (siehe (2.35)) erhält man:

$$P = \oiint_A \vec{S} \cdot d\vec{A} = \iiint_V \operatorname{div} \vec{S} \cdot dV \tag{4.105}$$

Bezeichnet man die im Volumenelement dV des elektromagnetischen Feldes gespeicherte Energie mit dW, so gilt für die Energie, die je Zeiteinheit aus dem Volumenelement dV abfließt, d. h. für den Energiefluss im elektromagnetischen Feld (vgl. (4.73)):

$$-\frac{dW}{dt} = \operatorname{div} \vec{S} \tag{4.106}$$

Das negative Vorzeichen in dieser Gleichung zeigt an, dass durch einen Energiefluss in Richtung des Poyntingschen Vektors die Energiedichte im Volumen verringert wird. Der Energiefluss, den der Poyntingschen Vektor repräsentiert, muss auch durch die Feldgrößen des elektromagnetischen Feldes ausgedrückt werden können. Der Ausgangspunkt für diesen Nachweis sind die Maxwellschen Gleichungen ((4.38) und (4.21)):

Erste Maxwellsche Gleichung (4.38):

$$\operatorname{rot} \vec{H} = \frac{\partial \vec{D}}{\partial t} + \vec{J}$$

---

[13]Der Begriff des Energieflusses ist identisch mit dem physikalischen Begriff der Leistung. Die Bezeichnung Energieflussdichte ist daher zur Leistungsdichte gleichwertig.

[14]John Henry Poynting, englischer Physiker, *1852, †1914.

Zweite Maxwellsche Gleichung (4.21):

$$\mathrm{rot}\,\vec{E} = -\frac{\partial \vec{B}}{\partial t}$$

Nach (2.58) und (4.15) ist die Energiedichte proportional dem Quadrat des Betrages der elektrischen bzw. magnetischen Feldstärke. Aus diesem Grund wird als Ansatz zur Ableitung der Beziehung für dem Energietransport im elektromagnetischen Feld die erste Maxwellsche Gleichung mit $\vec{E}$ und die zweite Maxwellsche Gleichung mit $\vec{H}$ multipliziert und dann die Differenz gebildet:

$$\vec{H} \cdot \mathrm{rot}\,\vec{E} - \vec{E} \cdot \mathrm{rot}\,\vec{H} = -\mu \cdot \vec{H} \cdot \frac{\partial \vec{H}}{\partial t} - \varepsilon \cdot \vec{E} \cdot \frac{\partial \vec{E}}{\partial t} - \vec{E} \cdot \vec{J}$$

Mit (1.22)

$$\sigma \cdot \vec{E} = \vec{J} \qquad (4.107)$$

$\left(\sigma = \text{spezifische Leitf ä higkeit}\right)$ erhält man:

$$\vec{H} \cdot \mathrm{rot}\,\vec{E} - \vec{E} \cdot \mathrm{rot}\,\vec{H} = -\mu \cdot \vec{H} \cdot \frac{\partial \vec{H}}{\partial t} - \varepsilon \cdot \vec{E} \cdot \frac{\partial \vec{E}}{\partial t} - \sigma \cdot \vec{E} \cdot \vec{E} \qquad (4.108)$$

Mit der Rechenregel der Vektoranalysis (siehe (3.89))

$$\mathrm{div}\left(\vec{E} \times \vec{H}\right) = \vec{H} \cdot \mathrm{rot}\,\vec{E} - \vec{E} \cdot \mathrm{rot}\,\vec{H}$$

geht (4.108) über in

$$\mathrm{div}\left(\vec{E} \times \vec{H}\right) = -\mu \cdot \vec{H} \cdot \frac{\partial \vec{H}}{\partial t} - \varepsilon \cdot \vec{E} \cdot \frac{\partial \vec{E}}{\partial t} - \sigma \cdot \vec{E} \cdot \vec{E} \qquad (4.109)$$

In (4.109) ist $\sigma \cdot \vec{E} \cdot \vec{E}$ der Anteil der Energie, der durch den Stromfluss in Wärme umgesetzt wird, d. h. er gibt den Verlust an elektromagnetischer Energie an. Ist die spezifische Leitfähigkeit des Mediums $\sigma = 0$ (nichtleitendes Medium), gilt:

$$\mathrm{div}\left(\vec{E} \times \vec{H}\right) = -\mu \cdot \vec{H} \cdot \frac{\partial \vec{H}}{\partial t} - \varepsilon \cdot \vec{E} \cdot \frac{\partial \vec{E}}{\partial t} \qquad (4.110)$$

Gl. (4.110) kann auch in folgender Form geschrieben werden:

$$\mathrm{div}\left(\vec{E} \times \vec{H}\right) = -\frac{\partial}{\partial t} \cdot \left(\frac{1}{2} \cdot \mu \cdot H^2 + \frac{1}{2} \cdot \varepsilon \cdot E^2\right) \qquad (4.111)$$

Nach (4.102) und (4.103) ist der Ausdruck in der Klammer von Gl. (4.111) die im magnetischen und elektrischen Feld vorhandene Energiedichte und der gesamte Ausdruck in dieser Gleichung somit der Energiefluss im elektromagnetischen Feld. Nach (4.111) in Verbindung mit (4.106) gilt für den Poyntingschen Vektor

$$\vec{S} = \vec{E} \times \vec{H} \tag{4.112}$$

Für den Fall der harmonischen Zeitabhängigkeit von $\vec{E}$ und $\vec{H}$ sind entsprechend (4.48) die komplexen Feldvektoren $\underline{\vec{E}}$ und $\underline{\vec{H}}$ zu verwenden. Der Zusammenhang zwischen Poyntingschem Vektor und der Energieflussdichte für diesen Fall wird aus der Analogie zur Berechnung der Leistung aus komplexer Spannung und komplexem Strom mit harmonischer Zeitabhängigkeit hergeleitet.

In Anlehnung an (4.47) gilt für eine zeitlich kosinusförmige Spannung bzw. eines Stromes:

$$U(t) = \hat{U} \cdot \cos(\omega \cdot t + \varphi_u) \tag{4.113}$$

$$I(t) = \hat{I} \cdot \cos(\omega \cdot t + \varphi_i) \tag{4.114}$$

In diesen Gleichungen sind $\hat{U}$ bzw. $\hat{I}$ die Spannungs- bzw. Stromamplituden und φ_u und φ_i die Phasenwinkel.

Die komplexe Schreibweise von $U(t)$ und $I(t)$ lautet:

$$\underline{U}(t) = \hat{U} \cdot e^{j \cdot (\omega \cdot t + \varphi_u)} \tag{4.115}$$

$$\underline{I}(t) = \hat{I} \cdot e^{j \cdot (\omega \cdot t + \varphi_i)} \tag{4.116}$$

Durch Bildung des Realteiles erhält man aus $\underline{U}(t)$ und $\underline{I}(t)$ Spannung und Strom entsprechend (4.113) und (4.114):

$$U(t) = Re\left\{\hat{U} \cdot e^{j \cdot (\omega \cdot t + \varphi_u)}\right\} = Re\left\{\hat{U} \cdot \cos(\omega \cdot t + \varphi_u) + j \cdot \hat{U} \cdot \sin(\omega \cdot t + \varphi_u)\right\} \tag{4.117}$$

$$I(t) = Re\left\{\hat{I} \cdot e^{j \cdot (\omega \cdot t + \varphi_i)}\right\} = Re\left\{\hat{I} \cdot \cos(\omega \cdot t + \varphi_i) + j \cdot \hat{I} \cdot \sin(\omega \cdot t + \varphi_i)\right\} \tag{4.118}$$

Die Leistung P eines Stromflusses $I(t)$ bei einer anliegenden Spannung $U(t)$ erhält man aus dem Produkt von Spannung und Strom:

$$P(t) = U(t) \cdot I(t) = \hat{U} \cdot \cos(\omega \cdot t + \varphi_u) \cdot \hat{I} \cdot \cos(\omega \cdot t + \varphi_i)$$

Mit dem Additionstheorem

$$\cos \alpha \cdot \cos \beta = \frac{1}{2} \cdot [\cos(\alpha - \beta) + \cos(\alpha + \beta)]$$

erhält man:

$$P(t) = \frac{\hat{U} \cdot \hat{I}}{2} \cdot [\cos(\varphi_u - \varphi_i) + \cos(2 \cdot \omega \cdot t + \varphi_u + \varphi_i)] \tag{4.119}$$

In (4.119) ist der erste Summand die zeitunabhängige Leistung:

$$P = \frac{\hat{U} \cdot \hat{I}}{2} \cdot \cos(\varphi_u - \varphi_i) \tag{4.120}$$

Da

$$\cos(-\alpha) = \cos(\alpha)$$

gilt ebenfalls:

$$P = \frac{\hat{U} \cdot \hat{I}}{2} \cdot \cos(\varphi_i - \varphi_u) \tag{4.121}$$

Der zweite Summand in (4.119) trägt zur Leistung nichts bei. Dieser Anteil ist, integriert über die Periodendauer T, gleich Null:

$$\frac{\hat{U} \cdot \hat{I}}{2} \cdot \int_0^T \cos\left(2 \cdot \frac{2 \cdot \pi}{T} \cdot t + \varphi_u + \varphi_i\right) dt =$$

$$\frac{\hat{U} \cdot \hat{I}}{2} \cdot \cos(\varphi_u + \varphi_i) \cdot \int_0^T \cos\left(\frac{4 \cdot \pi}{T} \cdot t\right) dt - \frac{\hat{U} \cdot \hat{I}}{2} \cdot \sin(\varphi_u + \varphi_i) \cdot \int_0^T \sin\left(\frac{4 \cdot \pi}{T} \cdot t\right) dt$$

$$\int_0^T \cos\left(\frac{4 \cdot \pi}{T} \cdot t\right) dt = \frac{T}{4 \cdot \pi} \cdot \left[\sin\left(\frac{4 \cdot \pi}{T} \cdot t\right)\right]_0^T = \frac{T}{4 \cdot \pi} \cdot [\sin(4 \cdot \pi) - \sin(0)] = 0$$

$$\int_0^T \sin\left(\frac{4 \cdot \pi}{T} \cdot t\right) dt = -\frac{T}{4 \cdot \pi} \cdot \left[\cos\left(\frac{4 \cdot \pi}{T} \cdot t\right)\right]_0^T = -\frac{T}{4 \cdot \pi} \cdot [\cos(4 \cdot \pi) - \cos(0)]$$

$$= -\frac{T}{4 \cdot \pi}(1 - 1) = 0$$

Die Leistung in (4.120) bzw. (4.121) kann auch mit komplexen Größen ausgedrückt werden.

Aus (4.115) und (4.116) erhält man:

$$\underline{U}(t) \cdot \underline{I}(t) = \hat{U} \cdot \hat{I} \cdot e^{j \cdot (\omega \cdot t + \varphi_u)} \cdot e^{j \cdot (\omega \cdot t + \varphi_i)}$$

Führt man den zu

$$\underline{I}(t) = \hat{I} \cdot e^{j \cdot (\omega \cdot t + \varphi_i)}$$

konjugiert komplexen Strom

$$\underline{I}(t)^* = \hat{I} \cdot e^{-j \cdot (\omega \cdot t + \varphi_i)}$$

in diese Beziehung ein, so erhält man:

$$\underline{U}(t) \cdot \underline{I}(t)^* = \hat{U} \cdot \hat{I} \cdot e^{j \cdot (\omega \cdot t + \varphi_u)} \cdot e^{-j \cdot (\omega \cdot t + \varphi_i)}$$

$$\underline{U}(t) \cdot \underline{I}(t)^* = \hat{U} \cdot \hat{I} \cdot e^{j \cdot (\varphi_u - \varphi_i)}$$

$$\underline{U}(t) \cdot \underline{I}(t)^* = \hat{U} \cdot \hat{I} \cdot \left[\cos(\varphi_u - \varphi_i) + j \cdot \sin(\varphi_u - \varphi_i) \right] \tag{4.122}$$

Bildet man von (4.122) den Realteil und dividiert durch zwei, so ergibt sich:

$$\frac{1}{2} \cdot Re\{\underline{U} \cdot \underline{I}^*\} = \frac{\hat{U} \cdot \hat{I}}{2} \cdot \cos(\varphi_u - \varphi_i)$$

Mit (4.120) bzw. (4.121) folgt:

$$P = \frac{1}{2} \cdot Re\{\underline{U} \cdot \underline{I}^*\} = \frac{1}{2} \cdot Re\{\underline{U}^* \cdot \underline{I}\} \tag{4.123}$$

Gl. (4.123) kann sinngemäß auf das Vektorprodukt aus elektrischem Feldvektor $\vec{E}$ und magnetischem Feldvektor $\vec{H}$ angewendet werden. Für die Dichte der Energie, die im elektromagnetischen Feld in Richtung des Poyntingschen Vektors transportiert wird, gilt demnach für den Fall von harmonischer Zeitabhängigkeit der Feldgrößen:

$$\vec{\underline{S}} = \frac{1}{2} \cdot Re\left\{ \vec{\underline{E}} \times \vec{\underline{H}}^* \right\} = \frac{1}{2} \cdot Re\left\{ \vec{\underline{E}}^* \times \vec{\underline{H}} \right\} \tag{4.124}$$

Wellenausbreitung

5

Im vorangehenden Abschnitt wurden die Wellengleichungen, die in den Maxwellschen Gleichungen implizit enthalten sind, hergeleitet und deren Lösung über den Umweg des magnetischen Vektorpotentials angegeben. Elektromagnetische Wellen können sich entlang von Leitungen entweder in Form eines Einzeldrahtes (Sommerfeld-Leitung), einer Zweidrahtleitung, einer Koaxialleitung, einer Streifenleitung oder innerhalb von Hohlleitern ausbreiten. Aber auch ohne eine derartige Führung können sich elektromagnetische Wellen im freien Raum ausbreiten. Für die Ableitung der Beziehungen für die Ausbreitung elektromagnetischer Wellen auf Leitungen sind die Grenzbedingungen an den die Welle führenden Flächen entscheidend. Die Ausbreitung im freien Raum wird hingegen durch die Art der Anregung durch den Sender bzw. die Sendeantenne bestimmt. Die Ausbreitung elektromagnetischer Wellen entlang von Leitungen ist nicht Gegenstand des vorliegenden Bandes. Die Lösungen der Maxwellschen Gleichungen für diese Anwendungen sind z. B. in [2], [4] und [8] ausführlich behandelt.

Für die einführenden Betrachtungen in diesem Band wurde die Wellenausbreitung im freien Raum am Beispiel der Anregung der Welle durch den Hertzschen Dipols gewählt. Die Maxwellschen Gleichungen können an diesem Beispiel einfach gelöst werden, das elektromagnetische Feld kann mit wenig Aufwand berechnet und dargestellt werden und die wesentlichen Kennwerte einer Antenne können hergeleitet werden.

5.1 Hertzscher Dipol

Der Hertzsche Dipol, auch als elektrischer Elementardipol bezeichnet, ist eine Sendeantenne, die aus einem gegenüber der Wellenlänge kurzen, drahtförmigen Leiter besteht, in dem die Stromdichte über die Drahtlänge konstant ist. Die zeitlichen Änderungen Stromes werden im Folgenden als zeitlich kosinusförmig angenommen. Man kann sich

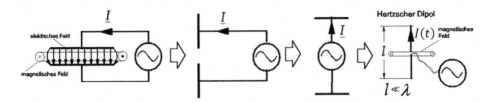

Abb. 5.1 Entstehung des Hertzschen Dipols

die Entstehung eines Hertzschen Dipols, wie dies in Abb. 5.1 im Schema dargestellt ist, aus der Transformation eines sehr kleinen Plattenkondensators, veranschaulichen. Die Wechselstromquelle ist über eine verdrillte Zweidrahtleitung oder über eine koaxiale Leitung mit den Klemmen des Hertzschen Dipols verbunden, sodass verhindert wird, dass von der Leitung eine elektromagnetische Welle abgestrahlt wird[1].

Für den Zeitverlauf des Stromes im Hertzschen Dipol gilt:

$$I(t) = I \cdot \cos(\omega \cdot t + \varphi_0) = Re\left(I \cdot e^{j \cdot \varphi_0} \cdot e^{j \cdot \omega \cdot t}\right) = Re\left(\underline{I} \cdot e^{j \cdot \omega \cdot t}\right) \tag{5.1}$$

Wenn dA der Querschnitt des Leiters des Hertzschen Dipols ist, gilt für die Stromdichte in komplexer Schreibweise:

$$\underline{J}(t) = \frac{\underline{I}(t)}{dA} \tag{5.2}$$

Die Unterstreichung in (5.2) weist explizit darauf hin, dass der Strom mit der Amplitude I eine harmonische Zeitabhängigkeit aufweist. Ein konstanter Phasenwinkel kann ohne Einschränkung der Allgemeingültigkeit gleich Null gesetzt werden.

In Abb. 5.2 ist der Hertzsche Dipol im Ursprung eines sphärischen Koordinatensystems positioniert. Der Strom $\underline{I}(t)$ und damit auch die Stromdichte $\underline{J}(t)$ sind in z-Richtung orientiert. Folglich hat auch das Vektorpotential $\overrightarrow{\underline{A}}(\vec{r}, t)$ nur eine z-Komponente.

Mit der Stromdichte aus (5.2) und dem Volumenelement

$$dV = dA \cdot dz$$

kann entsprechend (4.101) für den Hertzschen Dipol der Länge l, wenn er sich wie in Abb. 5.2 im Ursprung des Koordinatensystems befindet ($\vec{r}' = 0$), in der folgende Form geschrieben werden:

$$\overrightarrow{\underline{A}}_z(\vec{r}, t) = \frac{\mu_0}{4 \cdot \pi} \cdot \int_{z=-\frac{l}{2}}^{z=+\frac{l}{2}} \frac{\underline{I}(t) \cdot \vec{e}_z}{dA} \cdot \frac{e^{-j \cdot \frac{\omega}{c_0} \cdot |\vec{r}|}}{|\vec{r}|} \cdot dA \cdot dz \tag{5.3}$$

---

[1][6] S. 507 ff.

Abb. 5.2 Hertzscher Dipol
im Ursprung des sphärischen
Koordinatensystems

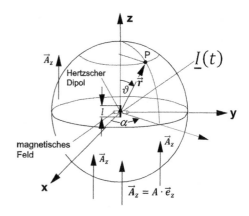

Aus dieser Gleichung folgt mit $|\vec{r}| = r$:

$$\underline{\vec{A}}_z(\vec{r}, t) = \frac{\mu_0}{4 \cdot \pi} \cdot \left[\underline{I}(t) \cdot \vec{e}_z \cdot \frac{e^{-j \cdot \frac{\omega}{c_0} \cdot r}}{r} \cdot z \right]_{z=-\frac{l}{2}}^{z=+\frac{l}{2}} \tag{5.4}$$

$$\vec{\underline{A}}_z(\vec{r}, t) = \left(\frac{\mu_0}{4 \cdot \pi} \cdot \underline{I}(t) \cdot l \cdot \frac{e^{-j \cdot \frac{\omega}{c_0} \cdot r}}{r} \right) \cdot \vec{e}_z \tag{5.5}$$

Aus (5.5) erhält man mit (3.96)

$$\vec{\underline{B}} = \mu_0 \cdot \vec{\underline{H}} = \operatorname{rot} \vec{\underline{A}}$$

die folgende Gleichung:

$$\vec{\underline{H}}(\vec{r}, t) = \frac{1}{\mu_0} \operatorname{rot}\left[\vec{\underline{A}}_z(\vec{r}, t)\right] = \frac{1}{\mu_0} \operatorname{rot}\left[\underline{A}_z(\vec{r}, t) \cdot \vec{e}_z\right] \tag{5.6}$$

Da das Vektorpotential $\vec{\underline{A}}$ nur eine z-Komponente hat und die Komponente $\underline{A}_z(\vec{r}, t)$ vom Radius $\vec{r}$ abhängt, wird der Einheitsvektor $\vec{e}_z$ in die Einheitsvektoren $\vec{e}_r$ und $\vec{e}_\vartheta$ des sphärischen Koordinatensystems wie folgt umgerechnet:

$$\vec{e}_z = \vec{e}_r \cdot \cos\vartheta - \vec{e}_\vartheta \cdot \sin\vartheta \tag{5.7}$$

Der Zusammenhang nach (5.7) geht aus Abb. 5.3 hervor. Damit geht (5.6) über in die folgende Gleichung:

$$\vec{\underline{H}}(\vec{r}, t) = \frac{1}{\mu_0} \cdot \operatorname{rot}\left[\vec{\underline{A}}_z(\vec{r}, t)\right] = \frac{1}{\mu_0} \cdot \operatorname{rot}\left[\vec{e}_r \cdot \underline{A}_z(\vec{r}, t) \cdot \cos\vartheta - \vec{e}_\vartheta \cdot \underline{A}_z(\vec{r}, t) \cdot \sin\vartheta\right] \tag{5.8}$$

Abb. 5.3 Umrechnung des
Einheitsvektor $\vec{e}_z$ in die
Einheitsvektoren $\vec{e}_r$ und $\vec{e}_\vartheta$

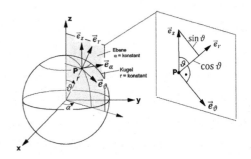

Mit (5.5) erhält man:

$$\vec{\underline{H}}(\vec{r},t) = \frac{\underline{I}(t)\cdot l}{4\cdot\pi}\,\text{rot}\left[\vec{e}_r\cdot\left(\frac{e^{-j\cdot\frac{\omega}{c_0}\cdot r}}{r}\right)\cdot\cos\vartheta - \vec{e}_\vartheta\cdot\left(\frac{e^{-j\cdot\frac{\omega}{c_0}\cdot r}}{r}\right)\cdot\sin\vartheta\right] \quad (5.9)$$

Für die Bildung der Rotation des Vektors $\vec{A}$ in Kugelkoordinaten gilt (siehe Abb. 3.27 bis
Abb. 3.29 und (3.79), (3.81) und (3.83)):

$$\begin{aligned}
\text{rot}\,\vec{A} = &\ \vec{e}_r\cdot\frac{1}{r\cdot\sin\vartheta}\cdot\left[\frac{\partial}{\partial\vartheta}(A_\alpha\cdot\sin\vartheta) - \frac{\partial A_\vartheta}{\partial\alpha}\right] + \\
&\ \vec{e}_\vartheta\cdot\frac{1}{r}\cdot\left[\frac{1}{\sin\vartheta}\cdot\frac{\partial A_r}{\partial\alpha} - \frac{\partial}{\partial r}(r\cdot A_\alpha)\right] + \\
&\ \vec{e}_\alpha\cdot\frac{1}{r}\cdot\left[\frac{\partial}{\partial r}(r\cdot A_\vartheta) - \frac{\partial A_r}{\partial\vartheta}\right]
\end{aligned} \quad (5.10)$$

Das Vektorpotential in (5.9) (5.8) besitzt nur eine r- und ϑ-Komponete. Beide
Komponenten hängen nur von r und ϑ und nicht von α ab. Infolgedessen besitzt die
magnetische Feldstärke nach (5.10) nur eine α-Komponente, d. h.:

$$\underline{H}_r(\vec{r},t) = 0 \quad\text{und}\quad \underline{H}_\vartheta(\vec{r},t) = 0$$

Gl. (5.9) geht somit über in folgende Gleichung:

$$\begin{aligned}
\vec{\underline{H}}(\vec{r},t) = \underline{H}_\alpha(\vec{r},t)\cdot\vec{e}_\alpha &= \frac{\underline{I}(t)\cdot l}{4\cdot\pi}\cdot\frac{1}{r}\cdot\left[-\frac{\partial A_r}{\partial\vartheta} + \frac{\partial}{\partial r}(r\cdot A_\vartheta)\right]\cdot\vec{e}_\alpha = \\
&= \frac{\underline{I}(t)\cdot l}{4\cdot\pi}\cdot\frac{1}{r}\left[-\frac{\partial}{\partial\vartheta}\left(\frac{e^{-j\cdot\frac{\omega}{c_0}\cdot r}}{r}\cdot\cos\vartheta\right) - \frac{\partial}{\partial r}\cdot\left(e^{-j\cdot\frac{\omega}{c_0}\cdot r}\cdot\sin\vartheta\right)\right]\cdot\vec{e}_\alpha
\end{aligned} \quad (5.11)$$

$$\underline{H}_\alpha(\vec{r},t) = \frac{\underline{I}(t)\cdot l}{4\cdot\pi}\cdot\frac{1}{r}\left[\frac{e^{-j\cdot\frac{\omega}{c_0}\cdot r}}{r}\cdot\sin\vartheta - \sin\vartheta\cdot\left(-j\cdot\frac{\omega}{c_0}\right)\cdot e^{-j\cdot\frac{\omega}{c_0}\cdot r}\right]$$

$$\underline{H}_\alpha(\vec{r},t) = \frac{\underline{I}(t)\cdot l}{4\cdot\pi}\cdot\frac{1}{r}\cdot\left[\frac{e^{-j\cdot\frac{\omega}{c_0}\cdot r}}{r}\cdot\sin\vartheta + \sin\vartheta\cdot\left(j\cdot\frac{\omega}{c_0}\right)\cdot e^{-j\cdot\frac{\omega}{c_0}\cdot r}\right]$$

$$\underline{H}_\alpha(\vec{r},t) = j\cdot\underline{I}(t)\cdot l\cdot\frac{\omega}{c_0}\cdot\sin\vartheta\cdot\frac{e^{-j\cdot\frac{\omega}{c_0}\cdot r}}{4\cdot\pi\cdot r}\cdot\left[1 + \frac{c_0}{j\cdot\omega\cdot r}\right] \quad (5.12)$$

Führt man die Wellenlänge[2] λ mit

$$\lambda = \frac{c_0}{f} = \frac{c_0 \cdot 2 \cdot \pi}{\omega} \tag{5.13}$$

bzw.:

$$\frac{\omega}{c_0} = \frac{2 \cdot \pi}{\lambda} \tag{5.14}$$

ein, geht (5.12) über in:

$$\underline{\vec{H}}(\vec{r}, t) = j \cdot \frac{\underline{I}(t) \cdot l}{2 \cdot \lambda} \cdot \frac{\sin \vartheta}{r} \cdot e^{-j \cdot \frac{2\pi}{\lambda} \cdot r} \cdot \left[1 + \frac{1}{j \cdot \frac{2 \cdot \pi \cdot r}{\lambda}} \right] \vec{e}_\alpha$$

$$\underline{\vec{H}}(\vec{r}, t) = j \cdot \frac{\underline{I}(t) \cdot l \cdot \pi}{\lambda^2} \cdot \sin \vartheta \cdot \frac{e^{-j \cdot \frac{2\pi}{\lambda} \cdot r}}{\frac{2 \cdot \pi}{\lambda} \cdot r} \cdot \left[1 + \frac{1}{j \cdot \frac{2 \cdot \pi \cdot r}{\lambda}} \right] \vec{e}_\alpha \tag{5.15}$$

Den Ausdruck

$$\frac{\pi \cdot \underline{I}(t) \cdot l}{\lambda^2} = \underline{H}_0 \tag{5.16}$$

in (5.15) kann man als komplexe Amplitude der magnetischen Feldstärke ansehen. Mit ihr nimmt (5.15) die folgende Form an:

$$\underline{\vec{H}}(\vec{r}, t) = j \cdot \underline{H}_0 \cdot \sin \vartheta \cdot \frac{e^{-j \cdot \frac{2\pi}{\lambda} \cdot r}}{\frac{2 \cdot \pi}{\lambda} \cdot r} \cdot \left[1 + \frac{1}{j \cdot \frac{2 \cdot \pi \cdot r}{\lambda}} \right] \vec{e}_\alpha \tag{5.17}$$

Das Verhältnis

$$\frac{2 \cdot \pi}{\lambda} = \frac{\omega}{c_0} = k_0 \tag{5.18}$$

wird als Wellenzahl bezeichnet.

Mit (5.18) kann (5.17) weiter vereinfacht werden:

$$\underline{\vec{H}}(\vec{r}, t) = j \cdot \underline{H}_0 \cdot \sin \vartheta \cdot \frac{e^{-j \cdot k_0 \cdot r}}{k_0 \cdot r} \cdot \left[1 + \frac{1}{j \cdot k_0 \cdot r} \right] \vec{e}_\alpha \tag{5.19}$$

---

[2]Die Wellenlänge λ ist die Wegstrecke, um den ein Phasenzustand (z. B. ein Maximum oder eine Nulldurchgang) einer Welle innerhalb einer Periodendauer fortschreitet bzw. sich ausbreitet (siehe Abb. 4.19)
$T = \frac{1}{f}, f = \text{Frequenz}, f = \omega/(2 \cdot \pi) bzw. \omega = 2 \cdot \pi \cdot f, \omega = \text{Kreisfrequenz}$

Gl. (5.19) ist die Gleichung einer in positiver r-Richtung fortschreitende Welle. Dies ist zu erkennen, wenn (5.19) entsprechend (4.47) mit dem Faktor $e^{j \cdot \omega \cdot t}$ multipliziert und der Realteil gebildet wird. Hierdurch wird die harmonische Zeitabhängigkeit in der Gleichung wieder hergestellt:

$$\vec{H}(\vec{r},t) = Re\left\{ j \cdot \underline{H}_0 \cdot \sin \vartheta \cdot \frac{e^{-j \cdot k_0 \cdot r}}{k_0 \cdot r} \cdot \left[1 + \frac{1}{j \cdot k_0 \cdot r}\right] \cdot e^{j \cdot \omega \cdot t}\right\} \vec{e}_\alpha$$

$$\vec{H}(\vec{r},t) = Re\left\{ j \cdot \underline{H}_0 \cdot \sin \vartheta \cdot \frac{1}{k_0 \cdot r} \cdot \left[1 + \frac{1}{j \cdot k_0 \cdot r}\right] \cdot e^{j \cdot (\omega \cdot t - k_0 \cdot r)}\right\} \vec{e}_\alpha$$

Im Realteil der letzten Gleichung ist der Exponent

$$(\omega \cdot t - k_0 \cdot r) = \omega \cdot \left(t - \frac{r}{c_0}\right)$$

der e-Funktion zu erkennen (siehe (5.14) und (5.18)). Er ist nach (4.55) charakteristisch für eine Wellenausbreitung in positiver r-Richtung.

Nachdem über den Umweg des magnetischen Vektorpotentials der magnetische Feldstärkevektor abgeleitet wurde, kann aus der ersten Maxwellschen Gleichung die Beziehung für den elektrischen Feldstärkevektor des Hertzschen Dipols hergeleitet werden. Nach (4.39) lautet die erste Maxwellsche Gleichung:

$$\text{rot } \vec{H} = \frac{\partial \vec{D}}{\partial t} + \vec{J} \tag{5.20}$$

Da die Stromdichte $\vec{J}$ außerhalb des Hertzschen Dipols gleich Null ist, gilt weiter:

$$\text{rot } \vec{H} = \varepsilon_0 \frac{\partial \vec{E}}{\partial t}$$

Für harmonische Zeitveränderlichkeit hat diese Gleichung die folgende Form:

$$\text{rot } \underline{\vec{H}} = \varepsilon_0 \cdot j \cdot \omega \cdot \underline{\vec{E}} \tag{5.21}$$

Mit (5.14), (5.18) und (4.80) erhält man

$$\frac{1}{\omega} = \frac{\lambda}{2 \cdot \pi \cdot c_0} = \frac{1}{c_0 \cdot k_0} = \frac{\sqrt{\varepsilon_0 \cdot \mu_0}}{k_0} \tag{5.22}$$

Damit erhält man aus (5.21):

$$\underline{\vec{E}} = \frac{1}{\varepsilon_0 \cdot j \cdot \omega} \cdot \text{rot } \underline{\vec{H}} = \frac{1}{j \cdot k_0} \cdot \frac{\sqrt{\varepsilon_0 \cdot \mu_0}}{\varepsilon_0} \cdot \text{rot } \underline{\vec{H}} = \frac{1}{j \cdot k_0} \cdot \sqrt{\frac{\mu_0}{\varepsilon_0}} \cdot \text{rot } \underline{\vec{H}} \tag{5.23}$$

In dieser Gleichung wird

$$Z_0 = \sqrt{\frac{\mu_0}{\varepsilon_0}} \tag{5.24}$$

als Feldwellenwiderstand[3] bezeichnet. Hiermit geht (5.23) über in:

---

[3]Warum $\sqrt{\frac{\mu_0}{\varepsilon_0}}$ die Bezeichnung Feldwellenwiderstand trägt, wird in Abschn. 5.1.2 erklärt.

$$\underline{\vec{E}} = \frac{Z_0}{j \cdot k_0} \cdot \mathrm{rot}\, \underline{\vec{H}} \tag{5.25}$$

Die magnetische Feldstärke besitzt nach (5.19) nur eine α-Komponente. Somit erhält (5.25) die folgende Form:

$$\underline{\vec{E}} = \frac{Z_0}{j \cdot k_0} \cdot \mathrm{rot}(\underline{H}_\alpha \cdot \vec{e}_\alpha) \tag{5.26}$$

Da der magnetische Feldstärkevektor nur eine α-Komponente besitzt, hat das elektrische Feld nur r- und eine ϑ-Komponenten (siehe (5.10)), d. h.:

$$\underline{E}_\alpha = 0$$

und

$$\underline{\vec{E}} = \frac{Z_0}{j \cdot k_0} \cdot \mathrm{rot}(\underline{H}_\alpha(r, \vartheta) \cdot \vec{e}_\alpha) \tag{5.27}$$

Wendet man (5.10) sinngemäß auf den magnetischen Feldvektor an, so erhält man mit (5.19):

$$\underline{\vec{E}} = \frac{Z_0}{j \cdot k_0} \cdot \left\{ \frac{1}{r \cdot \sin \vartheta} \cdot \left[\frac{\partial}{\partial \vartheta} \left(\underline{H}_\alpha(r, \vartheta) \cdot \sin \vartheta \right) \right] \right\} \cdot \vec{e}_r$$
$$+ \frac{Z_0}{j \cdot k_0} \cdot \left\{ \frac{1}{r} \cdot \left[-\frac{\partial}{\partial r} \left(r \cdot \underline{H}_\alpha(r, \vartheta) \right) \right] \right\} \cdot \vec{e}_\vartheta$$

$$\underline{\vec{E}} = \frac{Z_0}{j \cdot k_0} \cdot \left\{ \frac{1}{r \cdot \sin \vartheta} \cdot \left[\frac{\partial}{\partial \vartheta} \left(j \cdot \underline{H}_0 \cdot \sin \vartheta \cdot \frac{e^{-j \cdot k_0 \cdot r}}{k_0 \cdot r} \cdot \left[1 + \frac{1}{j \cdot k_0 \cdot r} \right] \cdot \sin \vartheta \right) \right] \right\} \cdot \vec{e}_r$$
$$+ \frac{Z_0}{j \cdot k_0} \left\{ \frac{1}{r} \cdot \left[-\frac{\partial}{\partial r} \left(r \cdot j \cdot \underline{H}_0 \cdot \sin \vartheta \cdot \frac{e^{-j \cdot k_0 \cdot r}}{k_0 \cdot r} \cdot \left[1 + \frac{1}{j \cdot k_0 \cdot r} \right] \right) \right] \right\} \cdot \vec{e}_\vartheta$$

$$\underline{\vec{E}} = \frac{Z_0 \cdot \underline{H}_0}{k_0} \cdot \left\{ \frac{1}{r \cdot \sin \vartheta} \cdot \frac{e^{-j \cdot k_0 \cdot r}}{k_0 \cdot r} \cdot \left[1 + \frac{1}{j \cdot k_0 \cdot r} \right] \cdot \frac{\partial}{\partial \vartheta} \left[(\sin \vartheta)^2 \right] \right\} \cdot \vec{e}_r$$
$$- \frac{Z_0 \cdot \underline{H}_0}{k_0} \cdot \left\{ \frac{\sin \vartheta}{r \cdot k_0} \cdot \left[\frac{\partial}{\partial r} \cdot \left(e^{-j \cdot k_0 \cdot r} \cdot \left[1 + \frac{1}{j \cdot k_0 \cdot r} \right] \right) \right] \right\} \cdot \vec{e}_\vartheta$$

$$\underline{\vec{E}} = \frac{Z_0 \cdot \underline{H}_0}{k_0} \cdot \left\{ \frac{1}{r \cdot \sin \vartheta} \cdot \frac{e^{-j \cdot k_0 \cdot r}}{k_0 \cdot r} \cdot \left[1 + \frac{1}{j \cdot k_0 \cdot r} \right] \cdot 2 \cdot \sin \vartheta \cdot \cos \vartheta \right\} \cdot \vec{e}_r$$
$$- \frac{Z_0 \cdot \underline{H}_0}{k_0} \cdot \left\{ \frac{\sin \vartheta}{r \cdot k_0} \cdot \left[\left(e^{-j \cdot k_0 \cdot r} \cdot (-j \cdot k_0) \cdot \left[1 + \frac{1}{j \cdot k_0 \cdot r} \right] + \left(e^{-j \cdot k_0 \cdot r} \cdot \left[\frac{-1}{j \cdot k_0 \cdot r^2} \right] \right) \right) \right] \right\} \cdot \vec{e}_\vartheta$$

$$\underline{\vec{E}} = \frac{Z_0 \cdot \underline{H}_0}{k_0} \cdot \left\{ \frac{1}{r} \cdot \frac{e^{-j \cdot k_0 \cdot r}}{k_0 \cdot r} \cdot \left[1 + \frac{1}{j \cdot k_0 \cdot r} \right] \cdot 2 \cdot \cos \vartheta \right\} \cdot \vec{e}_r$$
$$+ \frac{Z_0 \cdot \underline{H}_0}{k_0} \cdot \left\{ \frac{\sin \vartheta}{r \cdot k_0} \cdot \left[\left(e^{-j \cdot k_0 \cdot r} \cdot (j \cdot k_0) \cdot \left[1 + \frac{1}{j \cdot k_0 \cdot r} \right] + \left(e^{-j \cdot k_0 \cdot r} \cdot \left[\frac{1}{j \cdot k_0 \cdot r^2} \right] \right) \right) \right] \right\} \cdot \vec{e}_\vartheta$$

$$\underline{\vec{E}} = \frac{Z_0 \cdot \underline{H}_0}{k_0} \cdot \left\{ \frac{2 \cdot \cos \vartheta}{r} \cdot \frac{e^{-j \cdot k_0 \cdot r}}{k_0 \cdot r} \cdot \left(1 + \frac{1}{j \cdot k_0 \cdot r} \right) \right\} \cdot \vec{e}_r$$
$$+ \frac{Z_0 \cdot \underline{H}_0}{k_0} \cdot \left\{ \frac{\sin \vartheta}{r \cdot k_0} \cdot e^{-j \cdot k_0 \cdot r} \cdot \left((j \cdot k_0) + \frac{1}{r} + \frac{1}{j \cdot k_0 \cdot r^2} \right) \right\} \cdot \vec{e}_\vartheta$$

$$\underline{\vec{E}} = \frac{Z_0 \cdot \underline{H}_0}{k_0 \cdot r} \cdot \left\{ \frac{2 \cdot \cos \vartheta}{1} \cdot \frac{e^{-j \cdot k_0 \cdot r}}{1} \cdot \left(\frac{1}{k_0 \cdot r} + \frac{1}{j \cdot (k_0 \cdot r)^2} \right) \right\} \cdot \vec{e}_r$$
$$+ \frac{Z_0 \cdot \underline{H}_0}{k_0 \cdot r} \cdot \left\{ \sin \vartheta \cdot e^{-j \cdot k_0 \cdot r} \cdot \left(j + \frac{1}{r \cdot k_0} + \frac{1}{j \cdot (k_0 \cdot r)^2} \right) \right\} \cdot \vec{e}_\vartheta$$

Abb. 5.4 Feldkomponeten
des Hertzschen Dipols

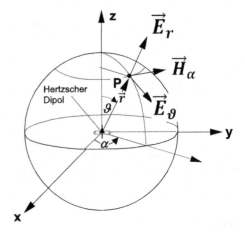

$$\underline{\vec{E}} = \left\{ j \cdot \frac{2 \cdot Z_0 \cdot \underline{H}_0}{k_0 \cdot r} \cdot \cos \vartheta \cdot e^{-j \cdot k_0 \cdot r} \cdot \left(\frac{1}{j \cdot k_0 \cdot r} + \frac{1}{(j \cdot k_0 \cdot r)^2} \right) \right\} \cdot \vec{e}_r$$
$$+ \left\{ j \cdot \frac{Z_0 \cdot \underline{H}_0}{k_0 \cdot r} \cdot \sin \vartheta \cdot e^{-j \cdot k_0 \cdot r} \cdot \left(1 + \frac{1}{j \cdot r \cdot k_0} + \frac{1}{(j \cdot k_0 \cdot r)^2} \right) \right\} \cdot \vec{e}_\vartheta \tag{5.28}$$

Zusammenstellung der Ergebnisse:

$$\underline{H}_\alpha(r, \vartheta) = j \cdot \underline{H}_0 \cdot \sin \vartheta \cdot \frac{e^{-j \cdot k_0 \cdot r}}{k_0 \cdot r} \cdot \left[1 + \frac{1}{j \cdot k_0 \cdot r} \right]$$

$$\underline{E}_r(r, \vartheta) = j \cdot 2 \cdot Z_0 \cdot \underline{H}_0 \cdot \cos \vartheta \cdot \frac{e^{-j \cdot k_0 \cdot r}}{k_0 \cdot r} \cdot \left(\frac{1}{j \cdot k_0 \cdot r} + \frac{1}{(j \cdot k_0 \cdot r)^2} \right) \tag{5.29}$$

$$\underline{E}_\vartheta(r, \vartheta) = j \cdot Z_0 \cdot \underline{H}_0 \cdot \sin \vartheta \cdot \frac{e^{-j \cdot k_0 \cdot r}}{k_0 \cdot r} \cdot \left(1 + \frac{1}{j \cdot r \cdot k_0} + \frac{1}{(j \cdot k_0 \cdot r)^2} \right)$$

5.1.1 Nahfeld des Hertzschen Dipols

Der Bereich in der unmittelbaren Umgebung des Hertzschen Dipols, d. h. der Bereich
mit $r \ll \lambda$ wird als Nahfeld des Hertzschen Dipols bezeichnet. In diesem Bereich ist

$$1 \ll \frac{1}{k_0 \cdot r} = \frac{\lambda}{2 \cdot \pi \cdot r}$$

und

$$\frac{1}{r \cdot k_0} \ll \frac{1}{(k_0 \cdot r)^2}$$

Deshalb gilt für das Nahfeld

$$\underline{H}_\alpha(r,\vartheta)_{nah} = j \cdot \underline{H}_0 \cdot \sin\vartheta \cdot \frac{e^{-j\cdot k_0 \cdot r}}{k_0 \cdot r} \cdot \left(\frac{1}{j \cdot k_0 \cdot r}\right)$$

$$\underline{E}_r(r,\vartheta)_{nah} = j \cdot \frac{2 \cdot Z_0 \cdot \underline{H}_0}{k_0 \cdot r} \cdot \cos\vartheta \cdot e^{-j\cdot k_0 \cdot r} \cdot \left(\frac{1}{(j \cdot k_0 \cdot r)^2}\right) \tag{5.30}$$

$$\underline{E}_\vartheta(r,\vartheta)_{nah} = j \cdot \frac{Z_0 \cdot \underline{H}_0}{k_0 \cdot r} \cdot \sin\vartheta \cdot e^{-j\cdot k_0 \cdot r} \cdot \left(\frac{1}{(j \cdot k_0 \cdot r)^2}\right)$$

bzw.:

$$\underline{H}_\alpha(r,\vartheta)_{nah} = \underline{H}_0 \cdot \sin\vartheta \cdot e^{-j\cdot k_0 \cdot r} \cdot \frac{1}{(k_0 \cdot r)^2}$$

$$\underline{E}_r(r,\vartheta)_{nah} = -j \cdot 2 \cdot Z_0 \cdot \underline{H}_0 \cdot \cos\vartheta \cdot e^{-j\cdot k_0 \cdot r} \cdot \frac{1}{(k_0 \cdot r)^3} \tag{5.31}$$

$$\underline{E}_\vartheta(r,\vartheta)_{nah} = -j \cdot Z_0 \cdot \underline{H}_0 \cdot \sin\vartheta \cdot e^{-j\cdot k_0 \cdot r} \cdot \frac{1}{(k_0 \cdot r)^3}$$

Weiter gilt im Nahbereich wegen $k_0 \cdot r << 1$:

$$e^{-j\cdot k_0 \cdot r} \approx 1$$

so dass (5.31) schließlich in der folgenden Form geschrieben werden kann:

$$\underline{H}_\alpha(r,\vartheta)_{nah} = \underline{H}_0 \cdot \sin\vartheta \cdot \frac{1}{(k_0 \cdot r)^2}$$

$$\underline{E}_r(r,\vartheta)_{nah} = -j \cdot 2 \cdot Z_0 \cdot \underline{H}_0 \cdot \cos\vartheta \cdot \frac{1}{(k_0 \cdot r)^3} \tag{5.32}$$

$$\underline{E}_\vartheta(r,\vartheta)_{nah} = -j \cdot Z_0 \cdot \underline{H}_0 \cdot \sin\vartheta \cdot \frac{1}{(k_0 \cdot r)^3}$$

5.1.2 Fernfeld des Hertzschen Dipols

Der Bereich des Fernfeldes wird durch folgende Beziehungen definiert:

$$1 >> \frac{\lambda}{2 \cdot \pi \cdot r} = \frac{1}{k_0 \cdot r}$$

und

$$\frac{1}{r \cdot k_0} >> \frac{1}{(k_0 \cdot r)^2}$$

Für das Fernfeld gelten somit für die Feldkomponenten die folgenden Beziehungen:

$$\underline{H}_\alpha(r,\vartheta)_{fern} = j \cdot \underline{H}_0 \cdot \sin\vartheta \cdot \frac{e^{-j\cdot k_0 \cdot r}}{k_0 \cdot r}$$

$$\underline{E}_r(r,\vartheta)_{fern} = j \cdot 2 \cdot Z_0 \cdot \underline{H}_0 \cdot \cos\vartheta \cdot \frac{e^{-j\cdot k_0 \cdot r}}{k_0 \cdot r} \cdot \frac{1}{j \cdot k_0 \cdot r} \tag{5.33}$$

$$\underline{E}_\vartheta(r,\vartheta)_{fern} = j \cdot Z_0 \cdot \underline{H}_0 \cdot \sin\vartheta \cdot \frac{e^{-j\cdot k_0 \cdot r}}{k_0 \cdot r} \cdot$$

bzw.:

$$\underline{H}_\alpha(r,\vartheta)_{fern} = j \cdot \underline{H}_0 \cdot \sin\vartheta \cdot \frac{e^{-j \cdot k_0 \cdot r}}{k_0 \cdot r}$$

$$\underline{E}_r(r,\vartheta)_{fern} = 2 \cdot Z_0 \cdot \underline{H}_0 \cdot \cos\vartheta \cdot \frac{e^{-j \cdot k_0 \cdot r}}{(k_0 \cdot r)^2} \tag{5.34}$$

$$\underline{E}_\vartheta(r,\vartheta)_{fern} = j \cdot Z_0 \cdot \underline{H}_0 \cdot \sin\vartheta \cdot \frac{e^{-j \cdot k_0 \cdot r}}{k_0 \cdot r}.$$

Mit größer werdendem Abstand r nimmt der Einfluss der Komponente $\underline{E}_r$ für $\vartheta > 0°$ schnell ab, sodass schließlich im Fernfeld nur die beiden die Komponenten $\vec{\underline{H}}_\alpha$ und $\vec{\underline{E}}_\vartheta$ von Bedeutung sind:

$$\vec{\underline{H}}_\alpha(r,\vartheta)_{fern} = \left(j \cdot \underline{H}_0 \cdot \sin\vartheta \cdot \frac{e^{-j \cdot k_0 \cdot r}}{k_0 \cdot r}\right) \cdot \vec{e}_\alpha$$

$$\vec{\underline{E}}_\vartheta(r,\vartheta)_{fern} = \left(j \cdot Z_0 \cdot \underline{H}_0 \cdot \sin\vartheta \cdot \frac{e^{-j \cdot k_0 \cdot r}}{k_0 \cdot r}\right) \cdot \vec{e}_\vartheta \tag{5.35}$$

Der Übergang zwischen Nah- und Fernfeld findet ungefähr bei dem sogenannten Grenz-radius statt. Für den Grenzradius gilt:

$$k_0 \cdot r = k_0 \cdot r_g = 1$$

bzw.:

$$r_g = \frac{1}{k_0} = \frac{\lambda}{2 \cdot \pi} \tag{5.36}$$

Bei einem Abstand $r = r_g$ liegen die Feldstärkekomponenten von Nah- und Fernfeld in der gleichen Größenordnung.

Aus (5.35) ist ein weiterer wichtiger Zusammenhang abzulesen. Im Fernfeld gilt:

$$\underline{E}_\vartheta = Z_0 \cdot \underline{H}_\alpha \tag{5.37}$$

bzw. allgemein im Fernfeld:

$$\left|\vec{E}\right| = Z_0 \cdot \left|\vec{H}\right| \tag{5.38}$$

Aus dieser Beziehung wird deutlich, warum Z_0 als Feldwellenwiderstand bezeichnet wird. Gl. (5.38) ist das Analogon zum Ohm´schen Gesetz

$$U = R \cdot I$$

Bei Feldstärkemessungen ist es aufgrund des Zusammenhanges nach (5.38) gleichgültig, ob die elektrische oder die magnetische Feldstärke gemessen wird.

5.1.3 Darstellung der Ergebnisse im Zeitbereich

Um die elektrische und magnetische Feldstärke, die in (5.29) im Frequenzbereich vor-liegen, in den Zeitbereich zu transformierten sind entsprechend (4.48) die Gl. (5.29) mit $e^{j\omega t}$ zu multiplizieren und dann der Realteil zu bilden:

$$\vec{E}(r,\vartheta,t) = Re\left\{\underline{\vec{E}}(r,\vartheta,t)\right\} = Re\left\{\underline{\vec{E}}(r,\vartheta)\cdot e^{j\cdot\omega\cdot t}\right\}$$

bzw.:

$$\vec{H}(r,\vartheta,t) = Re\left\{\underline{\vec{H}}(r,\vartheta,t)\right\} = Re\left\{\underline{\vec{H}}(r,\vartheta)\cdot e^{j\cdot\omega\cdot t}\right\}$$

Die Unterstreichung des Feldvektors in beiden Formeln kann entfallen, da der Phasenwinkel φ_0 ohne Einschränkung der Allgemeingültigkeiten gleich Null gesetzt werden kann:

$$\underline{\vec{E}}(r,\vartheta) = \vec{E}(r,\vartheta) \text{ und } \underline{\vec{H}}(r,\vartheta) = \vec{H}(r,\vartheta)$$

5.1.3.1 Magnetische Feldstärkekomponente

Für die Komponente H_α der magnetische Feldstärke gilt:

$$H_\alpha(r,\vartheta,t) = Re\left\{H_\alpha(r,\vartheta)\cdot e^{j\cdot\omega\cdot t}\right\} \tag{5.39}$$

Mit $H_\alpha(r,\vartheta)$ aus (5.29) folgt[4]:

$$H_\alpha(r,\vartheta,t) = Re\left\{\left[j\cdot H_0\cdot\sin\vartheta\cdot\frac{e^{-j\cdot k_0\cdot r}}{k_0\cdot r}\cdot\left(1+\frac{1}{j\cdot k_0\cdot r}\right)\right]\cdot e^{j\cdot\omega\cdot t}\right\}$$

$$H_\alpha(r,\vartheta,t) = Re\left\{j\cdot H_0\cdot\sin\vartheta\cdot\frac{e^{j(\omega\cdot t-k_0\cdot r)}}{k_0\cdot r}\cdot\left(1+\frac{1}{j\cdot k_0\cdot r}\right)\right\}$$

$$H_\alpha(r,\vartheta,t) = Re\left\{j\cdot H_0\cdot\sin\vartheta\cdot\frac{\cos(\omega\cdot t-k_0\cdot r)+j\cdot\sin(\omega\cdot t-k_0\cdot r)}{k_0\cdot r}\cdot\left(1+\frac{1}{j\cdot k_0\cdot r}\right)\right\}$$

$$H_\alpha(r,\vartheta,t) = \frac{H_0\cdot\sin\vartheta}{k_0\cdot r}\cdot Re\left\{j\cdot\left[\cos(\omega\cdot t-k_0\cdot r)+j\cdot\sin(\omega\cdot t-k_0\cdot r)\right]\cdot\left(1+\frac{1}{j\cdot k_0\cdot r}\right)\right\}$$

$$H_\alpha(r,\vartheta,t) = \frac{H_0\cdot\sin\vartheta}{k_0\cdot r}\cdot Re\left\{\left[j\cdot\cos(\omega\cdot t-k_0\cdot r)-\sin(\omega\cdot t-k_0\cdot r)\right]\cdot\left(1+\frac{1}{j\cdot k_0\cdot r}\right)\right\}$$

$$H_\alpha(r,\vartheta,t) = \frac{H_0\cdot\sin\vartheta}{k_0\cdot r}\cdot\left[\frac{\cos(\omega\cdot t-k_0\cdot r)}{k_0\cdot r}-\sin(\omega\cdot t-k_0\cdot r)\right] \tag{5.40}$$

Da

$$1 >> \frac{1}{k_0\cdot r}$$

entfällt für das Fernfeld der erste Summand in der eckigen Klammer:

$$H_\alpha(r,\vartheta,t)_{fern} = -\frac{H_0\cdot\sin\vartheta}{k_0\cdot r}\cdot\left[\sin(\omega\cdot t-k_0\cdot r)\right] \tag{5.41}$$

---

[4]Entsprechend (5.16) gilt: $\underline{H_0} = \pi\cdot\underline{I}(t)\cdot l/\lambda^2$

5.1.3.2 Elektrische Feldstärkekomponente in r-Richtung

Für die Komponente E_r der elektrischen Feldstärke gilt:

$$E_r(r,\vartheta,t) = Re\{E_r(r,\vartheta)\cdot e^{j\cdot\omega\cdot t}\} \tag{5.42}$$

Mit (5.29) folgt:

$$E_r(r,\vartheta,t) = Re\left\{\left[j\cdot 2\cdot Z_0\cdot H_0\cdot\cos\vartheta\cdot\frac{e^{-j\cdot k_0\cdot r}}{k_0\cdot r}\cdot\left(\frac{1}{j\cdot k_0\cdot r}+\frac{1}{(j\cdot k_0\cdot r)^2}\right)\right]\cdot e^{j\cdot\omega\cdot t}\right\}$$

$$E_r(r,\vartheta,t) = \frac{2\cdot Z_0\cdot H_0\cdot\cos\vartheta}{k_0\cdot r}\cdot Re\left\{\left[j\cdot e^{j\cdot(\omega\cdot t-k_0\cdot r)}\cdot\left(\frac{1}{j\cdot k_0\cdot r}+\frac{1}{(j\cdot k_0\cdot r)^2}\right)\right]\right\}$$

$$E_r(r,\vartheta,t) = \frac{2\cdot Z_0\cdot H_0\cdot\cos\vartheta}{k_0\cdot r}\cdot$$
$$Re\left\{\left[j\cdot[\cos(\omega\cdot t-k_0\cdot r)+j\cdot\sin(\omega\cdot t-k_0\cdot r)]\cdot\left(\frac{1}{j\cdot k_0\cdot r}+\frac{1}{(j\cdot k_0\cdot r)^2}\right)\right]\right\}$$

$$E_r(r,\vartheta,t) = \frac{2\cdot Z_0\cdot H_0\cdot\cos\vartheta}{k_0\cdot r}\cdot$$
$$Re\left\{\left[j\cdot\cos(\omega\cdot t-k_0\cdot r)-\sin(\omega\cdot t-k_0\cdot r)\right]\cdot\left(\frac{1}{j\cdot k_0\cdot r}+\frac{1}{(j\cdot k_0\cdot r)^2}\right)\right\}$$

$$E_r(r,\vartheta,t) = \frac{2\cdot Z_0\cdot H_0\cdot\cos\vartheta}{(k_0\cdot r)^2}\cdot\left(\cos(\omega\cdot t-k_0\cdot r)+\frac{\sin(\omega\cdot t-k_0\cdot r)}{k_0\cdot r}\right) \tag{5.43}$$

Im Fernfeld entfällt der zweite Summand in der Klammer von (5.43):

$$E_r(r,\vartheta,t)_{fern} = \frac{2\cdot Z_0\cdot H_0\cdot\cos\vartheta}{(k_0\cdot r)^2}\cdot\cos(\omega\cdot t-k_0\cdot r) \tag{5.44}$$

5.1.3.3 Elektrische Feldkomponente in ϑ-Richtung

Für die Komponente E_ϑ der elektrischen Feldstärke gilt:

$$E_\vartheta(r,\vartheta,t) = Re\{\underline{E}_\vartheta(r,\vartheta)\cdot e^{j\cdot\omega\cdot t}\} \tag{5.45}$$

Mit (5.29) folgt:

$$E_\vartheta(r,\vartheta,t) = Re\left\{\left[j\cdot Z_0\cdot H_0\cdot\sin\vartheta\cdot\frac{e^{-j\cdot k_0\cdot r}}{k_0\cdot r}\cdot\left(1+\frac{1}{j\cdot r\cdot k_0}+\frac{1}{(j\cdot k_0\cdot r)^2}\right)\right]\cdot e^{j\cdot\omega\cdot t}\right\}$$

$$E_\vartheta(r,\vartheta,t) = \frac{Z_0\cdot H_0\cdot\sin\vartheta}{k_0\cdot r}Re\left\{\left[j\cdot e^{j\cdot(\omega\cdot t-k_0\cdot r)}\cdot\left(1+\frac{1}{j\cdot r\cdot k_0}+\frac{1}{(j\cdot k_0\cdot r)^2}\right)\right]\right\}$$

$$E_\vartheta(r,\vartheta,t) = \frac{Z_0\cdot H_0\cdot\sin\vartheta}{k_0\cdot r}\cdot$$
$$Re\left\{\left[[j\cdot\cos(\omega\cdot t-k_0\cdot r)-\sin(\omega\cdot t-k_0\cdot r)]\cdot\left(1+\frac{1}{j\cdot r\cdot k_0}-\frac{1}{(k_0\cdot r)^2}\right)\right]\right\}$$

$$E_\vartheta(r,\vartheta,t) = \frac{Z_0\cdot H_0\cdot\sin\vartheta}{k_0\cdot r}\cdot\left[\frac{\cos(\omega\cdot t-k_0\cdot r)}{r\cdot k_0}-\sin(\omega\cdot t-k_0\cdot r)\cdot\left(1-\frac{1}{(k_0\cdot r)^2}\right)\right] \tag{5.46}$$

Im Fernfeld sind der erste Summand in der eckigen Klammer und der Summand

$$\frac{1}{(k_0\cdot r)^2}$$

in der runden Klammer vernachlässigbar:

$$E_\vartheta(r, \vartheta, t)_{fern} = -\frac{Z_0 \cdot H_0 \cdot \sin\vartheta}{k_0 \cdot r} \cdot \sin(\omega \cdot t - k_0 \cdot r) \tag{5.47}$$

Zusammenstellung:

$$H_\alpha(r, \vartheta, t) = \frac{H_0 \cdot \sin\vartheta}{k_0 \cdot r} \cdot \left[\frac{\cos(\omega \cdot t - k_0 \cdot r)}{k_0 \cdot r} - \sin(\omega \cdot t - k_0 \cdot r) \right]$$

$$E_r(r, \vartheta, t) = \frac{2 \cdot Z_0 \cdot H_0 \cdot \cos\vartheta}{(k_0 \cdot r)^2} \cdot \left[\cos(\omega \cdot t - k_0 \cdot r) + \frac{\sin(\omega \cdot t - k_0 \cdot r)}{k_0 \cdot r} \right] \tag{5.48}$$

$$E_\vartheta(r, \vartheta, t) = \frac{Z_0 \cdot H_0 \cdot \sin\vartheta}{k_0 \cdot r} \cdot$$
$$\left[\frac{\cos(\omega \cdot t - k_0 \cdot r)}{r \cdot k_0} - \sin(\omega \cdot t - k_0 \cdot r) \cdot \left(1 - \frac{1}{(k_0 \cdot r)^2} \right) \right]$$

Nahfeld ($k_0 \cdot r \ll 1$):

$$H_\alpha(r, \vartheta, t)_{nah} = \frac{H_0 \cdot \sin\vartheta}{(k_0 \cdot r)^2} \cdot \cos(\omega \cdot t - k_0 \cdot r)$$

$$E_r(r, \vartheta, t)_{nah} = \frac{2 \cdot Z_0 \cdot H_0 \cdot \cos\vartheta}{(k_0 \cdot r)^3} \cdot \sin(\omega \cdot t - k_0 \cdot r) \tag{5.49}$$

$$E_\vartheta(r, \vartheta, t)_{nah} = \frac{Z_0 \cdot H_0 \cdot \sin\vartheta}{(k_0 \cdot r)^3} \cdot \sin(\omega \cdot t - k_0 \cdot r)$$

Fernfeld $\left(1 \gg \frac{1}{k_0 \cdot r} \text{ und } \frac{1}{r \cdot k_0} \gg \frac{1}{(k_0 \cdot r)^2} \right)$:

$$H_\alpha(r, \vartheta, t)_{fern} = -\frac{H_0 \cdot \sin\vartheta}{k_0 \cdot r} \cdot \sin\left(\omega \cdot t - k_0 \cdot r \right)$$

$$E_r(r, \vartheta, t)_{fern} = \frac{2 \cdot Z_0 \cdot H_0 \cdot \cos\vartheta}{(k_0 \cdot r)^2} \cdot \cos(\omega \cdot t - k_0 \cdot r) \tag{5.50}$$

$$E_\vartheta(r, \vartheta, t)_{fern} = -\frac{Z_0 \cdot H_0 \cdot \sin\vartheta}{k_0 \cdot r} \cdot \sin(\omega \cdot t - k_0 \cdot r)$$

5.1.4 Energiefluss des Hertzschen Dipols

5.1.4.1 Energiefluss im Nahfeld des Hertzschen Dipols

Aus (5.49) ist zu erkennen, dass im Nahfeld die magnetische Feldkomponente gegenüber den elektrischen Feldkomponenten eine Phasenverschiebung von 90° bzw. $\pi/2$ besitzt ($\cos\alpha = \sin(90° \pm \alpha) = \sin(\pi/2 \pm \alpha)$). Nach (4.112) ist der Poyntingsche Vektor und damit der Energiefluss im elektromagnetischen Feld das Vektorprodukt aus elektrischer und magnetischer Feldkomponente:

$$\vec{S} = \vec{E} \times \vec{H}$$

Für den Energiefluss in r-Richtung sind im Nahfeld lediglich die Komponenten $H_\alpha(r, \vartheta, t)$ und $E_\vartheta(r, \vartheta, t)$ verantwortlich (siehe Abb. 5.4). Beide Komponenten stehen senkrecht aufeinander, so dass für den Betrag des Poyntingschen Vektors gilt:

Abb. 5.5 Blindleistung

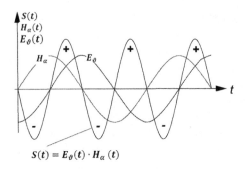

$$S(t) = E_\vartheta(t) \cdot H_\alpha(t)$$

$$\left|\vec{S}\right| = S = E_{\vartheta/nah} \cdot H_{\alpha/nah} \cdot \sin 90° = E_{\vartheta/nah} \cdot H_{\alpha/nah} \qquad (5.51)$$

In Abb. 5.5 ist sowohl der Zeitverlauf der elektrischen Feldstärkekomponente $E_\vartheta(t)$ als auch der Zeitverlauf der magnetischen Feldkomponente $H_\alpha(t)$ für harmonische Zeitverläufe entsprechend (5.49) für feste Werte von r und ϑ gemeinsam mit dem Produkt $S(t) = E_\vartheta(t) \cdot H_\alpha(t)$ dargestellt.

Man erkennt, dass innerhalb einer halben Periode der elektrischen bzw. der magnetischen Feldkomponente der Energiefluss $S(t) = E_\vartheta(t) \cdot H_\alpha(t)$, zur Hälfte positiv und zur Hälfte negativ ist. Dies bedeutet während einer halben Periode ist der Energiefluss in positiver r-Richtung vom Hertzschen Dipol weg gerichtet. In der nächsten Halbperiode fließt die Energie in negativer r-Richtung auf den Dipol zu. Im Nahfeld besteht somit der Energiefluss aus Blindleistung, d. h. einer Leistung, die zwischen dem Dipol und dem umgebenden Raum hin und her pendelt. Die Feldkomponenten des Nahfeldes nach (5.49) leisten folglich keinen Beitrag zur Leistungsabstrahlung des Hertzschen Dipols.

5.1.4.2 Energiefluss im Fernfeld des Hertzschen Dipols

Entsprechend (5.50) gilt für die Komponenten $H_\alpha(r, \vartheta, t)$ und $E_\vartheta(r, \vartheta, t)$ im Fernfeld:

$$\begin{aligned}
H_\alpha(r, \vartheta, t)_{fern} &= -\frac{H_0 \cdot \sin\vartheta}{k_0 \cdot r} \cdot \sin(\omega \cdot t - k_0 \cdot r) \\
E_\vartheta(r, \vartheta, t)_{fern} &= -\frac{Z_0 \cdot H_0 \cdot \sin\vartheta}{k_0 \cdot r} \cdot \sin(\omega \cdot t - k_0 \cdot r)
\end{aligned} \qquad (5.52)$$

Nach (4.112) gilt mit den Feldstärkekomponenten und nach (5.50) für den Poyntingschen Vektor:

$$\vec{S} = \vec{E} \times \vec{H} = E_{\vartheta/fern} \cdot \vec{e}_\vartheta \times H_{\alpha/fern} \cdot \vec{e}_\alpha = \vec{E}_{\vartheta/fern} \times \vec{H}_{\alpha/fern} \qquad (5.53)$$

Die Vektoren $\vec{S}$, $\vec{E}_{\vartheta/fern}$ und $\vec{H}_{\alpha/fern}$ bilden in dieser Reihenfolge ein Rechtssystem. Da der elektrische Feldvektor $\vec{E}_{\vartheta/fern}$ und der magnetische Feldvektor $\vec{H}_{\alpha/fern}$ im Fernfeld in Phase sind, ist Poyntingsche Vektor im Fernfeld stets in positiver r-Richtung orientiert, d. h. es wird Energie vom Hertzschen Dipol weg in den umgebenden Raum transportiert.

5.1.5 Feldlinien des Hertzschen Dipols

Mit (5.48) bzw. mit (5.50) für das Fernfeld können die Feldlinien des Hertzschen Dipols als Funktion der Zeit t berechnet und die elektromagnetischen Wellen, die vom Hertzschen Dipol ausgehen, in anschaulicher Weise dargestellt werden.

Feldlinien sind gedachte Linien, die in Vektorfeldern die Richtungen der Vektoren veranschaulichen. In jedem Punkt einer Feldlinie stimmt die Tangente an die Feldlinie mit der Richtung des Vektors in diesem Feldpunkt überein. Die in Abb. 1.4 dargestellten Stromdichtelinien sind Feldlinien. Die zugehörigen Feldstärkevektoren zeigt Abb. 1.6. Im Feldbild von Abb. 2.13 sind die elektrischen Feldlinien eines elektrischen Dipols dargestellt. Mit den Versuchsanordnungen, die in Abb. 3.2 und Abb. 3.3 skizziert sind, können magnetische Feldlinien sichtbar gemacht werden. Die Feldlinien spiegeln nicht die Stärke des magnetischen oder elektrischen Feldes wieder. Aus dem Verlauf der Feldlinien kann lediglich die Richtung der Feldvektoren abgelesen werden.

Aus (5.48) ist zu erkennen, dass die magnetische Feldstärke des Hertzschen Dipols nur eine Komponente in α-Richtung besitzt. Folglich sind die magnetischen Feldlinien, wie durch die Ausrichtung des Dipols in z-Richtung zu erwarten war, konzentrische Kreis um diese z-Achse. Die elektrische Feldstärke hingegen hat sowohl eine Komponente in r-Richtung als auch eine Komponente in ϑ-Richtung. Sie sind unabhängig vom Winkel α. Folglich ist das Bild der elektrischen Feldlinien rotationssymmetrisch zur z-Achse. Es ist also ausreichend, wenn lediglich die Ebene $\alpha = \text{konst}$ betrachtet wird.

Ausgangspunkt für die Berechnung einer elektrischen Feldlinie des Hertzschen Dipols zu einem bestimmten Zeitpunkt t_1 und für einen bestimmten Wert der Wellenzahl $k_0 = 2 \cdot \pi / \lambda$ bzw. eine bestimmte Frequenz $\omega = 2 \cdot \pi \cdot f$ ist ein zweckmäßig gewählter Punkt r_0, ϑ_0 in einer Ebene $\alpha = \text{konst}$ des Raumes.

Für diesen Punkt wird die vektorielle Summe

$$\vec{E} = E_r(r_0, \vartheta_0) \cdot \vec{e}_r + E_\vartheta(r_0, \vartheta_0) \cdot \vec{e}_\vartheta$$

gebildet und daraus die Richtung des Vektors der elektrischen Feldstärke berechnet. Den nächsten Punkt der elektrischen Feldlinie erhält man, indem man in Richtung dieses Vektors um einen möglichst kleinen Betrag fortschreitet, d. h. in Richtung der Tangente der Feldlinie. Damit erhält man den zweiten Punkt r_1, ϑ_1 der elektrischen Feldlinie. Für diesen zweiten Punkt werden die Komponenten $E_r(r_1, \vartheta_1)$ und $E_\vartheta(r_1, \vartheta_1)$ und deren vektorielle Summe berechnet. Um den dritten Punkt der elektrischen Feldlinie zu erhalten, wird wieder um einen infinitesimalen Betrag in Richtung des Feldstärkevektors $\vec{E} = E_r(r_1, \vartheta_1) \cdot \vec{e}_r + E_\vartheta(r_1, \vartheta_1) \cdot \vec{e}_\vartheta$ fortgeschritten usw.

In Abb. 5.6 ist eine Feldlinie für den Startpunkt $r_0 = 1,64$ und $\vartheta_0 = 90°$, für die Frequenz 500 MHz zum Zeitpunkt $t = T = 1/f$ dargestellt. Die Feldlinie wurde mit einem kleinen Programm der Mathematik-Software Mathcad erstellt.

Aus Abb. 5.7 erkennt man, dass diese elektrische Feldlinie des Hertzschen Dipols im Gegensatz zu einer Feldlinie des elektrostatischen Feldes in sich geschlossen ist.

Abb. 5.6 Elektrische
Feldlinie des Hertzschen
Dipols in der Ebene $\alpha = 90°$:
Startpunkt: $y/\lambda = 2{,}735$,
$z/\lambda = 0, f = 500\,\text{MHz}$,
$t = 2\,\text{ns}$, Schrittweite: 0,00179

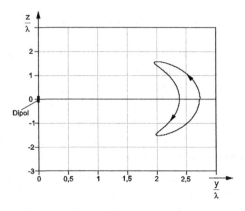

Abb. 5.7 Elektrische
Feldlinien des Hertzschen
Dipols, Ebene $\alpha = $ konst,
Bereich $0 < r/\lambda < 2$

In unmittelbarer Nähe des Hertzschen Dipols entspringen und enden die Feldlinien im Hertzschen Dipol. Sie entfernen sich mit fortschreitender Zeit vom Dipol. Nach einer halben Periode wechselt die Stromrichtung im Dipol und die Feldlinien in der unmittelbaren Nähe des Dipols ändern ebenfalls ihre Richtung. Die weiter entfernten Feldlinien „bemerken" die Änderung der Stromrichtung aufgrund der endlichen Ausbreitungsgeschwindigkeit verspätet und lösen sich infolgedessen vom Dipol.

In Abb. 5.7 sind die elektrischen Feldlinien des Hertzschen Dipols in der Ebene $\alpha = $ konst im Bereich $0 < r/\lambda < 2$ für einen Zeitpunkt dargestellt. Adressen von drei Internetseiten, auf denen Animationen der Wellenausbreitung des Hertzschen Dipols angesehen werden können, sind im Literaturhinweis zusammengestellt.

5.1.6 Richtdiagramm des Hertzschen Dipols

Das Richtdiagramm einer Antenne beschreibt die Richtungsabhängigkeit der Energieflussdichte, d. h. die Leistung je Flächeneinheit im Fernfeld des Dipols. Nach (4.124) gilt für die Energiedichte, die im elektromagnetischen Feld in Richtung des Poyntingschen

Vektors transportiert wird, für den Fall von harmonischer Zeitabhängigkeit der Feldgrößen:

$$\vec{S} = \frac{1}{2} \cdot Re\left\{\underline{\vec{E}} \times \underline{\vec{H}}^*\right\} \tag{5.54}$$

Im Fernfeld sind allein die Komponente E_ϑ der elektrischen Feldstärke und die Komponente H_α der magnetischen Feldstärke für den Leistungstransport in r-Richtung verantwortlich. Sie sind nach (5.35) in Phase. Die Leistungsflussdichte in (5.54) ist somit eine Wirkleistungsdichte. Es gilt:

$$\vec{S}_{Wirk} = \frac{1}{2} \cdot Re\left\{\left(\underline{\vec{E}}_\vartheta(r,\vartheta)_{fern} \cdot \underline{\vec{H}}_\alpha(r,\vartheta)^*_{fern}\right)\right\}$$
bzw. :
$$\vec{S}_{Wirk} = \frac{1}{2} \cdot Re\left\{\left(\underline{E}_\vartheta(r,\vartheta)_{fern} \cdot \underline{H}_\alpha(r,\vartheta)^*_{fern}\right) \cdot (\vec{e}_\vartheta \times \vec{e}_\alpha)\right\} \tag{5.55}$$

Mit (5.35) folgt mit $j = e^{+j \cdot \pi/2}$:

$$\vec{S}_{wirk} = \frac{1}{2} \cdot Re\left\{\left(Z_0 \cdot \underline{H}_0 \cdot \sin\vartheta \cdot \frac{e^{-j \cdot k_0 \cdot r + j \cdot \pi/2}}{k_0 \cdot r}\right) \cdot \left(\underline{H}_0 \cdot \sin\vartheta \cdot \frac{e^{-j \cdot k_0 \cdot r + j \cdot \pi/2}}{k_0 \cdot r}\right)^* \cdot (\vec{e}_\vartheta \times \vec{e}_\alpha)\right\}$$
$$\vec{S}_{wirk} = \frac{1}{2} \cdot Re\left\{\left(Z_0 \cdot \underline{H}_0 \cdot \sin\vartheta \cdot \frac{e^{-j \cdot k_0 \cdot r + j \cdot \pi/2}}{k_0 \cdot r}\right) \cdot \left(\underline{H}_0 \cdot \sin\vartheta \cdot \frac{e^{-(-j \cdot k_0 \cdot r + j \cdot \pi/2)}}{k_0 \cdot r}\right) \cdot \vec{e}_r\right\}$$

$$\vec{S}_{wirk} = \frac{1}{2} \cdot \frac{Z_0 \cdot H_0^2}{k_0^2 \cdot r^2} \cdot (\sin\vartheta)^2 \cdot \vec{e}_r$$
bzw. mit(5.38) :
$$\vec{S}_{wirk} = \frac{1}{2} \cdot \frac{E_0^2}{Z_0 \cdot (k_0^2 \cdot r^2)} \cdot (\sin\vartheta)^2 \cdot \vec{e}_r \tag{5.56}$$

Die Leistungsdichte in Fernfeld des Hertzschen Dipols hängt nach (5.56) vom Quadrat des Sinus des Winkels ϑ ab (vgl. Abb. 5.4). Die maximale Leistung wird in Richtung $\vartheta = 90°$ abgestrahlt. Im Richtdiagramm einer Antenne wird diese Abhängigkeit als Funktion von ϑ und bezogen auf den Maximalwert entweder linear dargestellt oder logarithmisch bewertet als relativer Leistungspegel. Für das Richtdiagramm $C(\vartheta)$ bzw. $c(\vartheta)$ des Hertzschen Dipols erhält man somit:

$$C(\vartheta) = \frac{\frac{1}{2} \cdot \frac{Z_0 \cdot H_0^2}{k_0^2 \cdot r^2} \cdot (\sin\vartheta)^2}{\frac{1}{2} \cdot \frac{Z_0 \cdot H_0^2}{k_0^2 \cdot r^2}}$$

$$C(\vartheta) = (\sin\vartheta)^2 \tag{5.57}$$

bzw.

$$c(\vartheta) = 10 \cdot \log(\sin\vartheta)^2 dB \tag{5.58}$$

In Abb. 5.8 und Abb. 5.9 sind die Richtdiagramme $C(\vartheta)$ und $c(\vartheta)$ des Hertzschen Dipols dargestellt. Wie man aus Abb. 5.8 deutlich erkennt, wird in Richtung der Dipolachse ($\vartheta = 0°$) keine Leistung abgestrahlt.

Abb. 5.8 Richtdiagramm
des Hertzschen Dipols
(lineare Darstellung in
Polarkoordinaten)

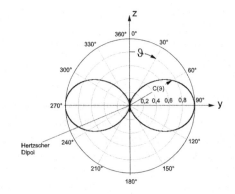

Abb. 5.9 Richtdiagramm
des Hertzschen Dipols
(logarithmische Darstellung in
kartesischen Koordinaten)

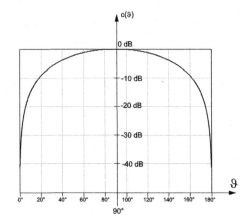

5.1.7 Strahlungsleistung des Hertzschen Dipols

Die gesamte, im Fernfeld des Hertzschen Dipols abgestrahlte Leistung P_{rad} erhält man durch Integration der Leistungsdichte $\vec{S}_{wirk}$ über die Fläche A der Kugel mit dem Radius r.

$$P_{rad} = \oint_A \vec{S}_{wirk} \cdot d\vec{A} \tag{5.59}$$

Aus (5.56) erhält man:

$$P_{rad} = \oint_A \frac{1}{2} \cdot \frac{Z_0 \cdot H_0^2}{k_0^2 \cdot r^2} \cdot (\sin \vartheta)^2 \cdot dA \tag{5.60}$$

Anhand von (3.29) gilt für das Flächenelement dA:

$$dA = (r \cdot d\vartheta) \cdot (r \cdot \sin \vartheta \, d\alpha)$$

Damit geht (5.60) über in[5]:

$$P_{rad} = \frac{1}{2} \cdot \frac{Z_0 \cdot H_0^2}{k_0^2 \cdot r^2} \cdot \int\limits_{\vartheta=0}^{\pi} \int\limits_{\alpha=0}^{2\cdot\pi} (\sin\vartheta)^2 \cdot (r \cdot d\vartheta) \cdot (r \cdot \sin\vartheta \, d\alpha)$$

$$P_{rad} = \frac{1}{2} \cdot \frac{Z_0 \cdot H_0^2}{k_0^2} \cdot \int\limits_{\vartheta=0}^{\pi} (\sin\vartheta)^3 \cdot d\vartheta \cdot \int\limits_{\alpha=0}^{2\cdot\pi} d\alpha$$

$$P_{rad} = \frac{1}{2} \cdot \frac{Z_0 \cdot H_0^2}{k_0^2} \cdot [\alpha]_0^{2\cdot\pi} \cdot \int\limits_{\vartheta=0}^{\pi} (\sin\vartheta)^3 \cdot d\vartheta$$

$$P_{rad} = \frac{1}{2} \cdot \frac{Z_0 \cdot H_0^2}{k_0^2} \cdot 2 \cdot \pi \cdot \left[-\cos\vartheta + \frac{1}{3} \cdot (\cos\vartheta)^3 \right]_0^{\pi}$$

$$P_{rad} = \frac{1}{2} \cdot \frac{Z_0 \cdot H_0^2}{k_0^2} \cdot 2 \cdot \pi \cdot \left[[(+1) - (-1)] + \frac{1}{3} \cdot ((-1) - (1)) \right]$$

$$P_{rad} = \frac{1}{2} \cdot \frac{Z_0 \cdot H_0^2}{k_0^2} \cdot 2 \cdot \pi \cdot \left[2 - \frac{2}{3} \right]$$

$$P_{rad} = \frac{1}{2} \cdot \frac{Z_0 \cdot H_0^2}{k_0^2} \cdot 2 \cdot \pi \cdot \frac{4}{3} \tag{5.61}$$

Mit

$$H_0 = \frac{\pi \cdot I \cdot l}{\lambda^2} \quad \text{und} \quad k_0 = \frac{2 \cdot \pi}{\lambda}$$

aus (5.16) und (5.18) nimmt (5.61) die folgende Form an:

$$P_{rad} = \frac{1}{2} \cdot Z_0 \cdot \frac{\left(\frac{\pi \cdot I \cdot l}{\lambda^2}\right)^2}{\left(\frac{2 \cdot \pi}{\lambda}\right)^2} \cdot 2 \cdot \pi \cdot \frac{4}{3}$$

Somit erhält man für die vom Hertzschen Dipol abgestrahlte Leistung:

$$P_{rad} = \frac{\pi}{3} \cdot Z_0 \cdot \left(\frac{I}{\lambda}\right)^2 \cdot l^2 \tag{5.62}$$

5.1.8 Strahlungswiderstand des Hertzschen Dipols

Die Leistung P_{rad}, die der Hertzsche Dipol abstrahlt, wird von einem Generator an den Dipol abgegeben. Der Hertzsche Dipol stellt die Last des Generators dar. Der Dipol kann somit durch einen Ohm´schen Widerstand, den sogenannten Strahlungswiderstand R_{rad} ersetzt werden, in dem die gleiche Leistung umgesetzt wird, wie sie der Hertzsche Dipol abstrahlt. Es gilt die folgende Beziehung:

$$P_{rad} = \frac{1}{2} \cdot I^2 \cdot R_{rad} \tag{5.63}$$

I = Amplitude des Stromes, $I/\sqrt{2}$ = Effektivwert des Stromes.

---

[5]Integraltabellen z. B. in [7].

Mit (5.62) erhält man für den Strahlungswiderstand:

$$\frac{\pi}{3} \cdot Z_0 \cdot \left(\frac{I}{\lambda}\right)^2 \cdot l^2 = \frac{1}{2} \cdot I^2 \cdot R_{rad}$$

bzw.:

$$R_{rad} = \frac{2 \cdot \pi}{3} \cdot Z_0 \cdot \left(\frac{l}{\lambda}\right)^2 \tag{5.64}$$

5.1.9 Gewinn einer Sendeantenne

Für die Auslegung von Funkverbindungen ist neben dem Richtdiagramm einer Antenne ihr Gewinn von Bedeutung. Der Gewinn ist das Verhältnis der maximalen Leistungsdichte einer Antenne bezogen auf die Leistungsdichte eines isotropen Strahlers. Der isotrope Strahler ist eine fiktive Antenne, die in alle Raumrichtungen gleichmäßig Leistung abstrahlt. Die Leistungsdichte $S_{isotrop}$ des isotropen Strahlers im Abstand r von der Antenne beträgt somit:

$$S_{isotrop} = \frac{P_{rad}}{4 \cdot \pi \cdot r^2} \tag{5.65}$$

Für die maximale Leistungsdichte des Hertzschen Dipols ($\vartheta = 90°$) gilt nach (5.65):

$$S_{Hertz/max} = \frac{1}{2} \cdot \frac{Z_0 \cdot H_0^2}{k_0^2 \cdot r^2}$$

Mit

$$H_0 = \frac{\pi \cdot I \cdot l}{\lambda^2} \quad \text{und} \quad k_0 = \frac{2 \cdot \pi}{\lambda}$$

erhält man:

$$S_{Hertz/max} = \frac{1}{2} \cdot \frac{Z_0 \cdot \left(\frac{\pi \cdot I \cdot l}{\lambda^2},\right)^2}{\left(\frac{2 \cdot \pi}{\lambda}\right)^2 \cdot r^2}$$

bzw.

$$S_{Hertz/max} = \frac{1}{8} \cdot Z_0 \frac{I^2 \cdot l^2}{\lambda^2 \cdot r^2} \tag{5.66}$$

Aus (5.65) und (5.66) folgt damit für den Gewinnfaktor G_{Hertz} des Hertzschen Dipols:

$$G_{Hertz} = \frac{S_{Hertz/max}}{S_{isotrop}} = \frac{1}{8} \cdot Z_0 \frac{I^2 \cdot l^2}{\lambda^2 \cdot r^2} \cdot \frac{4 \cdot \pi \cdot r^2}{P_{rad}} = \frac{1}{8} \cdot Z_0 \cdot \frac{I^2 \cdot l^2}{\lambda^2 \cdot r^2} \cdot \frac{4 \cdot \pi \cdot r^2}{\frac{\pi}{3} \cdot Z_0 \cdot \left(\frac{l}{\lambda}\right)^2 \cdot l^2}$$

$$G_{Hertz} = \frac{3}{2} \tag{5.67}$$

Der Gewinn des Hertzschen Dipols beträgt demnach:

$$g_{Hertz} = 10 \cdot \log\left(\frac{3}{2}\right) \text{dB} = 1,76\text{dB} \tag{5.68}$$

5.1.10 Empfangsantenne und Wirkfläche

Die Aufgabe einer Empfangsantenne besteht darin, aus dem elektromagnetischen Feld eine Leistung zu entnehmen und sie dem Empfänger zuzuführen. In Abb. 5.10 ist für das System Empfangsantenne-Empfänger die Ersatzschaltung angegeben.

Die Empfangsantenne kann als Spannungsquelle angesehen werden, deren Spannung $\underline{U}_0$ von der elektrischen Feldstärke am Empfangsort hervorgerufen wird. Ihr Innenwiderstand ist die komplexe Impedanz $R_{rad} + j \cdot X_A$. Die Last $R_L + j \cdot X_L$ der Antenne ist die Eingangsimpedanz des Empfängers. Damit die Antenne die maximale Leistung an den Empfänger abgibt, muss sie mit der zur Impedanz $R_A + j \cdot X_A$ konjugiert komplexen Impedanz abgeschlossen sein, d. h.:

$$R_{rad} + j \cdot X_A = R_L - j \cdot X_L$$

und

$$R_{rad} = R_L \, und \, X_A = -X_L \tag{5.69}$$

Mit der Bedingung $R_L = R_{rad}$ gilt für die an den Lastwiderstand R_L abgegebene Leistung P_E:

$$P_E = \frac{1}{2} \cdot I^2 \cdot R_L = \frac{1}{2} \cdot \frac{U_0^2}{(R_{rad} + R_L)^2} \cdot R_L = \frac{1}{2} \cdot \frac{U_0^2}{(2 \cdot R_{rad})^2} \cdot R_L = \frac{U_0^2}{8 \cdot R_{rad}} = \frac{U_0^2}{8 \cdot R_L} \tag{5.70}$$

Der Faktor $1/2$ in (5.70) berücksichtigt, dass I die Stromamplitude und die Leistung das Produkt aus dem Quadrat des Effektivwertes des Stromes und des Lastwiderstandes ist.

Die Spannung U_0 ist die Quellenspannung der Empfangsantenne. Sie entsteht durch die elektrische Feldstärke $\vec{E}$ der ankommenden Welle, die entlang der Antenne der Länge l anliegt. Nach (1.13) gilt für die an einem Leiterstück der Länge l zwischen den Endpunkten a und b anliegende Spannung $|U_{ab}|$:

Abb. 5.10 Ersatzschaltung des Systems Empfangsantenne-Empfänger

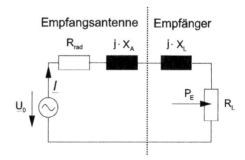

$$|U_{ab}| = U_0 = \int_a^b \vec{E} \cdot d\vec{s} \tag{5.71}$$

Die Länge l des Hertzsche Dipols ist klein gegenüber der Wellenlänge der bei ihm eintreffenden elektromagnetischen Welle. Infolgedessen ist die Feldstärke entlang des Dipols konstant. Es gilt in diesem Fall:

$$U_0 = \int_a^b \vec{E} \cdot d\vec{s} = E \cdot l \cdot \cos\beta \tag{5.72}$$

Für die Empfangsleistung gilt mit (5.70):

$$P_E = \frac{U_0^2}{8 \cdot R_L} = \frac{(E \cdot l)^2}{8 \cdot R_L} \cdot (\cos\beta)^2 \tag{5.73}$$

Die maximale Empfangsleistung liegt bei $\beta = 0$ vor (siehe Abb. 5.11).

Das Richtdiagramm des Hertzschen Dipols als Empfangsantenne erhält man aus (5.73) zu:

$$C_{empf}(\beta) = \frac{\frac{(E \cdot l)^2}{8 \cdot R_L} \cdot (\cos\beta)^2}{\frac{(E \cdot l)^2}{8 \cdot R_L}} = \frac{\frac{(E \cdot l)^2}{8 \cdot R_L} \cdot [\cos(90° - \vartheta)]^2}{\frac{(E \cdot l)^2}{8 \cdot R_L}}$$

bzw.

$$C_{empf}(\vartheta) = (\sin\vartheta)^2$$

Das Richtdiagramm des Hertzschen Dipols als Empfangsantenne stimmt folglich mit dem Richtdiagramm des Hertzschen Dipols als Sendeantenne überein (siehe (5.57)). Dies gilt allgemein. Das Richtdiagramm, der Gewinn und der Strahlungswiderstand einer Antenne sind unabhängig davon, ob sie als Sende- oder als Empfangsantenne eingesetzt wird (Reziprozitätstheorem). Wäre dies nicht der Fall, würde ein Austausch von Sende- und Empfangsantenne bei konstanter Sendeleistung eine Erhöhung oder eine Erniedrigung der Empfangsleistung zur Folge haben, was dem Energieerhaltungssatz widerspräche.

Abb. 5.11 Orientierung den Empfangsantenne

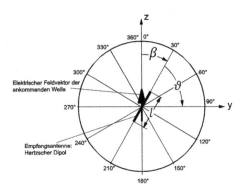

Die Empfangsleistung P_E entsteht, weil die Empfangsantenne in der Lage ist, aus der Leistungsdichte des bei ihr eintreffenden elektromagnetischen Feldes Leistung zu entnehmen. Man kann diese Fähigkeit der Empfangsantenne durch die sogenannte Wirkfläche A_w kennzeichnen. Die Empfangsleistung P_E erhält man danach aus dem Produkt der Wirkfläche A_w und der Leistungsdichte S_{wirk} am Ort der Empfangsantenne:

$$P_E = S_{wirk} \cdot A_w \tag{5.74}$$

Für die Leistungsdichte S_{wirk} im Fernfeld des sendenden Hertzschen Dipols gilt nach (5.56):

$$S_{wirk} = \frac{1}{2} \cdot \frac{Z_0 \cdot H_0^2}{k_0^2 \cdot r^2} \cdot (\sin\vartheta)^2 \tag{5.75}$$

Mit (5.70) und (5.75) erhält man:

$$A_w = \frac{P_E}{S_{wirk}} = \frac{\frac{U_0^2}{8 \cdot R_{rad}}}{\frac{1}{2} \cdot \frac{Z_0 \cdot H_0^2}{k_0^2 \cdot r^2} \cdot (\sin\vartheta)^2} \tag{5.76}$$

Für den Fall, dass der empfangende Hertzsche Dipol optimal ausgerichtet ist, d. h. parallel zum elektrischen Feldvektor $\vec{E}_\vartheta$ der bei ihm ankommenden elektromagnetischen Welle ($\beta = 0°$), gilt:

$$U_{ab} = \hat{U}_0 = \int_a^b \vec{E} \cdot d\vec{s} = E \cdot l \tag{5.77}$$

Die Definition der Wirkfläche A_w bezieht sich stets auf diesen Fall. Entsprechend (5.35) ergibt sich:

$$U_0 = E \cdot l = \frac{Z_0 \cdot H_0 \cdot \sin\vartheta}{k_0 \cdot r} \cdot l \tag{5.78}$$

Mit dieser Beziehung und (5.64) geht (5.76) über in:

$$A_{w/Hertz} = \frac{P_E}{S_{wirk}} = \frac{\left(\frac{Z_0 \cdot H_0 \cdot \sin\vartheta}{k_0 \cdot r}\right)^2 \frac{l^2}{8 \cdot R_{rad}}}{\frac{1}{2} \cdot \frac{Z_0 \cdot H_0^2}{k_0^2 \cdot r^2} \cdot (\sin\vartheta)^2} = \frac{\left(\frac{Z_0 \cdot H_0 \cdot \sin\vartheta}{k_0 \cdot r}\right)^2 \cdot \frac{l^2}{8 \cdot \left[\frac{2 \cdot \pi}{3} \cdot Z_0 \cdot \left(\frac{l}{\lambda}\right)^2\right]}}{\frac{1}{2} \cdot \frac{Z_0 \cdot H_0^2}{k_0^2 \cdot r^2} \cdot (\sin\vartheta)^2}$$

Somit erhält man die Wirkfläche des Hertzschen Dipols zu

$$A_{w/Hertz} = \frac{3 \cdot \lambda^2}{8 \cdot \pi} \tag{5.79}$$

Der Gewinn des Hertzschen Dipols beträgt nach (5.67) unabhängig davon, ob der Hertzsche Dipol als Sende- oder als Empfangsantenne eingesetzt wird:

$$G_{Hertz} = \frac{3}{2}$$

Die Bezugsantenne für den Gewinn ist der isotrope Strahler[6], d. h.:

$$G_{Hertz} = \frac{A_{w/Hertz}}{A_{w/isotrop}}$$

Für die Wirkfläche des isotropen Strahlers bzw. einer isotropen Empfangsantenne erhält man damit zu:

$$A_{w/isotrop} = \frac{A_{w/Hertz}}{G_{Hertz}} = \frac{\lambda^2}{4 \cdot \pi} \tag{5.80}$$

Allgemein gilt:

$$G_{Antenne} = \frac{A_{W/Antenne}}{A_{W/isotrop}} = A_{W/Antenne} \cdot \frac{4 \cdot \pi}{\lambda^2} \tag{5.81}$$

Die Wirkfläche ist für den Fall des Hertzschen Dipols wenig anschaulich und eine reine Rechengröße. Im Fall von Aperturantennen, wie z. B. einer in Abb. 5.12 dargestellten Rotationsparabolantenne, kann die Wirkfläche mit den geometrischen Abmessungen in Bezug gesetzt werden. Die Schattenfläche des parabolförmigen Reflektors, die Aperturfläche $A_{Apertur}$ mit dem Durchmesser D, beträgt

$$A_{Apertur} = \frac{\pi \cdot D^2}{4} \tag{5.82}$$

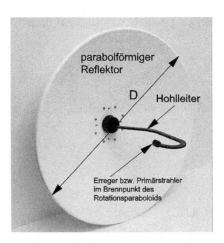

Abb. 5.12   Rotationsparabolantenne

---

[6]Ein isotroper Strahler, der auch Kugelstrahler oder als isotrope Antenne bezeichnet wird, ist das Modell einer Sendeantenne, die gleichmäßig in alle Raumrichtungen sendet. Eine isotrope Empfangsantenne empfängt gleichmäßig aus allen Raumrichtungen.

Um anhand der Aperturfläche den Gewinn der Antenne angeben zu können, wird die Aperturfläche mit dem sogenannten Flächenwirkungsgrad q bewertet. Der Flächenwirkungsgrad einer Aperturantenne berücksichtigt, dass der Erreger auf der Aperturfläche keine über die Fläche konstante Leistungsdichte erzeugt. Dies ist erwünscht, um ein Richtdiagramm mit hoher Nebenzipfeldämpfung zu erreichen. Der Wert des Flächenwirkungsgrades liegt je nach Ausführung der Antenne zwischen 0,5 und 0,7. Damit lautet die Formel zur Berechnung des Gewinns von Aperturantennen:

$$G_{Apertur} = \frac{A_{W/Antenne}}{A_{W/isotrop}} = \frac{\pi \cdot D^2 \cdot q}{4} \cdot \frac{4 \cdot \pi}{\lambda^2}$$

$$G_{Apertur} = \frac{\pi^2 \cdot D^2 \cdot q}{\lambda^2} \qquad (5.83)$$

bzw.:

$$G_{Apertur} = 10 \cdot log \frac{\pi^2 \cdot D^2 \cdot q}{\lambda^2} \qquad (5.84)$$

Aus (5.84) wird auch anschaulich, warum der Gewinn eine Antenne umgekehrt proportional zum Quadrat der Wellenläng λ ist. Bei konstanter Wellenläge ist der Gewinn einer Antenne umso größer je größer die Aperturfläche ist.

5.2 Grundübertragungsdämpfung

Mit der Wirkfläche einer isotropen Empfangsantenne nach (5.80) kann die sogenannte Grundübertragungsdämpfung einer Funkübertragungsstrecke berechnet werden. Die Grundübertragungsdämpfung ist die Dämpfung zwischen der isotropen Sendeantenne und der isotropen Empfangsantenne für den Fall, dass der Raum zwischen Sende- und Empfangsantenne frei ist, d. h. Sichtverbindung vorliegt und die Ausbreitung der elektromagnetischen Welle ungestört ist.

In Abb. 5.13 ist diese Situation im Schema dargestellt. Der isotropen Sendeantenne wird die Leistung P_S zugeführt, die sie in alle Richtungen des Raumes gleichmäßig abstrahlt. Die Entfernung zwischen der Sende- und Empfangsantenne, d. h. die Funkfeldlänge, ist mit d bezeichnet. Die Leistungsflussdichte S_E am Empfangsort ist gleich der Sendeleistung P_S dividiert durch die Oberfläche der Kugel mit dem Radius d:

$$S_E = \frac{P_S}{4 \cdot \pi \cdot d^2} \qquad (5.85)$$

Aus der Leistungsflussdichte S_E entnimmt die isotrope Empfangsantenne entsprechend ihrer Wirkfläche $A_{w/isotrop}$ die Leistung P_E und führt sie dem Empfänger zu:

Abb. 5.13 Isotrope
Antennen als Sende- und
Empfangsantenne

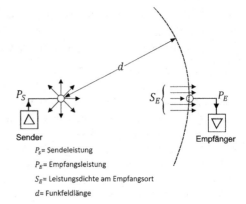

Sender   Empfänger

P_s = Sendeleistung

P_E = Empfangsleistung

S_E = Leistungsdichte am Empfangsort

d = Funkfeldlänge

$$P_E = S_E \cdot A_{w/isotrop} = S_E \cdot \frac{\lambda^2}{4 \cdot \pi} = \frac{P_S}{4 \cdot \pi \cdot d^2} \cdot \frac{\lambda^2}{4 \cdot \pi} = P_S \cdot \left(\frac{\lambda}{4 \cdot \pi \cdot d} \right)^2$$

Die Dämpfung zwischen der isotropen Sendeantenne und der isotropen Empfangsantenne wird als Grundübertragungsdämpfung a_0 bezeichnet. Es gilt die folgende
Beziehung:

$$a_0 = 10 \cdot \log \frac{P_S}{P_E} \, \text{dB} = 20 \cdot \log \frac{4 \cdot \pi \cdot d}{\lambda} \, \text{dB}$$

bzw.

$$a_0 = \left[20 \cdot \log (4 \cdot \pi) - 20 \cdot \log(\lambda) + 20 \cdot \log(d) \right] \text{dB}$$

Mit der Beziehung $f = c_0 / \lambda$ erhält man:

$$a_0 = \left(20 \cdot \log \frac{4 \cdot \pi}{c_0} + 20 \cdot \log(f) + 20 \cdot \log(d) \right) \text{dB}$$

Setzt man die Frequenz f in GHz und d in km in diese Beziehung ein, so ergibt sich
mit $c_0 = 2,998 \cdot 10^8 \text{m/s}$ schließlich die handliche, zugeschnittene Größengleichung zur
Berechnung der Grundübertragungsdämpfung:

$$a_0 = \left(92,4 + 20 \cdot \log \frac{f}{\text{GHz}} + 20 \cdot \log \frac{d}{\text{km}} \right) \text{dB} \tag{5.86}$$

Bei Richtfunkverbindungen ist die Bedingung von ungehinderter Ausbreitung in der
Regel erfüllt. Bei dieser Art von Funkverbindungen werden Parabolantennen mit
Gewinnwerten zwischen 30 dB und 45 dB eingesetzt.

Die Funkfelddämpfung schließt im Unterschied zur Grundübertragungsdämpfung die Antennengewinne von Sende- und Empfangsantenne ein. Die Funkfelddämpfung ist somit um die Summe der Antennengewinne von Sende- und Empfangsantenne geringer als die Grundübertragungsdämpfung.

Wird der Gewinn der Sendeantenne mit

$$g_S = 10 \cdot \log G_S$$

und der Gewinn der Empfangsantenne mit

$$g_E = 10 \cdot \log G_E$$

bezeichnet, so gilt für die Dämpfung zwischen Sender und Empfänger, die sogenannte Funkfelddämpfung a_F:

$$a_F = a_0 - g_S - g_E \tag{5.87}$$

Anhang: Verifikation der Rechenregeln der Vektoranalysis

6

6.1 Rechenregeln

Die folgenden Rechenregeln der Vektoranalysis wurden im vorliegenden Band verwendet (siehe (3.86) bis (3.89)):

$$\text{rot grad } \varphi = 0 \tag{3.86}$$

$$\text{div rot } \vec{V} = 0 \tag{3.87}$$

$$\text{rot rot } \vec{V} = \text{grad div } \vec{V} - \nabla^2 \vec{V} \tag{3.88}$$

$$\text{div}\left(\vec{V} \times \vec{B}\right) = \vec{B} \cdot \text{rot } \vec{V} - \vec{V} \cdot \text{rot } \vec{B} \tag{3.89}$$

6.2 Beweise

Die Gleichungen werden im Folgenden komponentenweise für kartesische Koordinaten verifiziert.

6.2.1 Beweis von Gleichung (3.86)

$$\text{rot grad } \varphi = 0$$

Aus (1.7) in Verbindung mit (3.75) erhält man:

© Der/die Autor(en), exklusiv lizenziert durch Springer Fachmedien Wiesbaden GmbH, ein Teil von Springer Nature 2021
J. Donnevert, *Die Maxwell'schen Gleichungen*,
https://doi.org/10.1007/978-3-658-31967-0_6

$$\text{rot grad } \varphi = \begin{vmatrix} \vec{e}_x & \vec{e}_y & \vec{e}_z \\ \frac{\partial}{\partial x} & \frac{\partial}{\partial y} & \frac{\partial}{\partial z} \\ \frac{\partial \varphi}{\partial x} & \frac{\partial \varphi}{\partial y} & \frac{\partial \varphi}{\partial z} \end{vmatrix}$$

$$\text{rot grad } \varphi = \vec{e}_x \left(\frac{\partial^2 \varphi}{\partial y \partial z} - \frac{\partial^2 \varphi}{\partial z \partial y} \right) + \vec{e}_y \left(\frac{\partial^2 \varphi}{\partial z \partial x} - \frac{\partial^2 \varphi}{\partial x \partial z} \right) + \vec{e}_z \left(\frac{\partial^2 \varphi}{\partial x \partial y} - \frac{\partial^2 \varphi}{\partial y \partial x} \right)$$

Nach dem Satz von Schwarz ist die Reihenfolge der partiellen Ableitungen von Funktionen vertauschbar, wenn die Funktionen und ihre partiellen Ableitungen stetig sind. Deshalb gilt entsprechend (3.86):

$$\text{rot grad } \varphi = 0$$

6.2.2 Beweis von Gleichung (3.87)

$$\text{div rot } \vec{V} = 0$$

Nach (2.28) in Verbindung mit (3.76) gilt:

$$\text{div rot } \vec{V} = \frac{\partial}{\partial x} \left(\frac{\partial V_z}{\partial y} - \frac{\partial V_y}{\partial z} \right) + \frac{\partial}{\partial y} \left(\frac{\partial V_x}{\partial z} - \frac{\partial V_z}{\partial x} \right) + \frac{\partial}{\partial z} \left(\frac{\partial V_y}{\partial x} - \frac{\partial V_x}{\partial y} \right)$$

$$\text{div rot } \vec{V} = \frac{\partial^2 V_z}{\partial x \partial y} - \frac{\partial^2 V_y}{\partial x \partial z} + \frac{\partial^2 V_x}{\partial y \partial z} - \frac{\partial^2 V_z}{\partial y \partial x} + \frac{\partial^2 V_y}{\partial z \partial x} - \frac{\partial^2 V_x}{\partial z \partial y} = 0$$

6.2.3 Beweis von Gleichung (3.88)

$$\text{rot rot } \vec{V} = \text{grad div } \vec{V} - \nabla^2 \vec{V}$$

Entsprechend (3.75) gilt:

$$\text{rot } \vec{V} = \begin{vmatrix} \vec{e}_x & \vec{e}_y & \vec{e}_z \\ \frac{\partial}{\partial x} & \frac{\partial}{\partial y} & \frac{\partial}{\partial z} \\ V_x & V_y & V_z \end{vmatrix} = \vec{e}_x \cdot \left(\frac{\partial V_z}{\partial y} - \frac{\partial V_y}{\partial z} \right) + \vec{e}_y \cdot \left(\frac{\partial V_x}{\partial z} - \frac{\partial V_z}{\partial x} \right) + \vec{e}_z \cdot \left(\frac{\partial V_y}{\partial x} - \frac{\partial V_x}{\partial y} \right)$$

$$\text{rot}\left(\text{rot } \vec{V} \right) = \text{rot} \begin{vmatrix} \vec{e}_x & \vec{e}_y & \vec{e}_z \\ \frac{\partial}{\partial x} & \frac{\partial}{\partial y} & \frac{\partial}{\partial z} \\ V_x & V_y & V_z \end{vmatrix} = \begin{vmatrix} \vec{e}_x & \vec{e}_y & \vec{e}_z \\ \frac{\partial}{\partial x} & \frac{\partial}{\partial y} & \frac{\partial}{\partial z} \\ \left(\frac{\partial V_z}{\partial y} - \frac{\partial V_y}{\partial z} \right) & \left(\frac{\partial V_x}{\partial z} - \frac{\partial V_z}{\partial x} \right) & \left(\frac{\partial V_y}{\partial x} - \frac{\partial V_x}{\partial y} \right) \end{vmatrix}$$

$$\begin{aligned} \text{rot}\left(\text{rot } \vec{V} \right) = \ & \vec{e}_x \cdot \left[\frac{\partial}{\partial y} \left(\frac{\partial V_y}{\partial x} - \frac{\partial V_x}{\partial y} \right) - \frac{\partial}{\partial z} \left(\frac{\partial V_x}{\partial z} - \frac{\partial V_z}{\partial x} \right) \right] \\ + \ & \vec{e}_y \cdot \left[\frac{\partial}{\partial z} \left(\frac{\partial V_z}{\partial y} - \frac{\partial V_y}{\partial z} \right) - \frac{\partial}{\partial x} \left(\frac{\partial V_y}{\partial x} - \frac{\partial V_x}{\partial y} \right) \right] \\ + \ & \vec{e}_z \cdot \left[\frac{\partial}{\partial x} \left(\frac{\partial V_x}{\partial z} - \frac{\partial V_z}{\partial x} \right) - \frac{\partial}{\partial y} \left(\frac{\partial V_z}{\partial y} - \frac{\partial V_y}{\partial z} \right) \right] \end{aligned}$$

$$\text{rot}\left(\text{rot } \vec{V}\right) = \vec{e}_x \cdot \left(\frac{\partial^2 V_y}{\partial x \cdot \partial y} - \frac{\partial^2 V_x}{\partial y^2} - \frac{\partial^2 V_x}{\partial z^2} + \frac{\partial^2 V_z}{\partial x \cdot \partial z}\right)$$
$$+ \vec{e}_y \cdot \left(\frac{\partial^2 V_z}{\partial y \cdot \partial z} - \frac{\partial^2 V_y}{\partial z^2} - \frac{\partial^2 V_y}{\partial x^2} + \frac{\partial^2 V_x}{\partial x \cdot \partial y}\right) \tag{6.1}$$
$$+ \vec{e}_z \cdot \left(\frac{\partial^2 V_x}{\partial x \cdot \partial z} - \frac{\partial^2 V_z}{\partial x^2} - \frac{\partial^2 V_z}{\partial y^2} + \frac{\partial^2 V_y}{\partial y \cdot \partial z}\right)$$

Weiter gilt nach (1.7):

$$\text{grad}\left(\text{div } \vec{V}\right) = \frac{\partial}{\partial x}\left(\text{div } \vec{V}\right) \cdot \vec{e}_x + \frac{\partial}{\partial y}\left(\text{div } \vec{V}\right) \cdot \vec{e}_y + \frac{\partial}{\partial z}\left(\text{div } \vec{V}\right) \cdot \vec{e}_z$$

Mit (2.28) erhält man:

$$\text{grad}\left(\text{div } \vec{V}\right) = \frac{\partial}{\partial x}\left[\left(\frac{\partial V_x}{\partial x} + \frac{\partial V_y}{\partial y} + \frac{\partial V_z}{\partial z}\right) \cdot \vec{e}_x\right] + \frac{\partial}{\partial y}\left[\left(\frac{\partial V_x}{\partial x} + \frac{\partial V_y}{\partial y} + \frac{\partial V_z}{\partial z}\right) \cdot \vec{e}_y\right]$$
$$+ \frac{\partial}{\partial z}\left[\left(\frac{\partial V_x}{\partial x} + \frac{\partial V_y}{\partial y} + \frac{\partial V_z}{\partial z}\right) \cdot \vec{e}_z\right]$$

$$\text{grad}\left(\text{div } \vec{V}\right) = \left(\frac{\partial^2 V_x}{\partial x^2} + \frac{\partial^2 V_y}{\partial x \cdot \partial y} + \frac{\partial^2 V_z}{\partial x \cdot \partial z}\right) \cdot \vec{e}_x + \left(\frac{\partial^2 V_x}{\partial x \cdot \partial y} + \frac{\partial^2 V_y}{\partial y^2} + \frac{\partial^2 V_z}{\partial y \cdot \partial z}\right) \cdot \vec{e}_y$$
$$+ \left(\frac{\partial^2 V_x}{\partial x \cdot \partial z} + \frac{\partial^2 V_y}{\partial y \cdot \partial z} + \frac{\partial^2 V_z}{\partial z^2}\right) \cdot \vec{e}_z$$
$$\tag{6.2}$$

Bildet man die Differenz der Gl. (6.1) und (6.2), so erhält man

$$\text{grad div } \vec{V} - \text{rot rot } \vec{V}$$
$$= \left(\frac{\partial^2 V_x}{\partial x^2} + \frac{\partial^2 V_x}{\partial y^2} + \frac{\partial^2 V_x}{\partial z^2}\right) \cdot \vec{e}_x + \left(\frac{\partial^2 V_y}{\partial y^2} + \frac{\partial^2 V_y}{\partial z^2} + \frac{\partial^2 V_y}{\partial x^2}\right) \cdot \vec{e}_y \tag{6.3}$$
$$+ \left(\frac{\partial^2 V_z}{\partial z^2} + \frac{\partial^2 V_z}{\partial x^2} + \frac{\partial^2 V_z}{\partial y^2}\right) \cdot \vec{e}_z$$

Nach (4.72) gilt:

$$\nabla^2 \vec{V} = \left(\nabla^2 V_x\right) \cdot \vec{e}_x + \left(\nabla^2 V_y\right) \cdot \vec{e}_y + \left(\nabla^2 V_z\right) \cdot \vec{e}_z$$

In dieser Gleichung ist der Operator ∇^2 wie folgt definiert: (siehe auch (2.43)):

$$\nabla^2 = \frac{\partial^2}{\partial x^2} + \frac{\partial^2}{\partial y^2} + \frac{\partial^2}{\partial z^2}$$

Aus beiden Gleichungen erhält man:

$$\nabla^2 \vec{V} = \left(\frac{\partial^2 V_x}{\partial x^2} + \frac{\partial^2 V_y}{\partial y^2} + \frac{\partial^2 V_z}{\partial z^2}\right) \cdot \vec{e}_x + \left(\frac{\partial^2 V_x}{\partial x^2} + \frac{\partial^2 V_y}{\partial y^2} + \frac{\partial^2 V_z}{\partial z^2}\right) \cdot \vec{e}_y$$
$$+ \left(\frac{\partial^2 V_x}{\partial x^2} + \frac{\partial^2 V_y}{\partial y^2} + \frac{\partial^2 V_z}{\partial z^2}\right) \cdot \vec{e}_z \tag{6.4}$$

Ein Vergleich von (6.3) und (6.4) ergibt den Zusammenhang:

$$\nabla^2 \vec{V} = \text{grad div } \vec{V} - \text{rot rot } \vec{V}$$

Damit ist die Gültigkeit von (3.88) nachgewiesen.

6.2.4   Beweis von Gleichung (3.89)

$$\text{div}\left(\vec{V} \times \vec{B}\right) = \vec{B} \cdot \text{rot } \vec{V} - \vec{V} \cdot \text{rot } \vec{B}$$

Für das Kreuzprodukt zweier Vektoren gilt:

$$\vec{V} \times \vec{B} = \begin{vmatrix} \vec{e}_x & \vec{e}_y & \vec{e}_z \\ V_x & V_y & V_z \\ B_x & B_y & B_z \end{vmatrix}$$

$$\vec{V} \times \vec{B} = \vec{e}_x \cdot \left(V_y \cdot B_z - V_z \cdot B_y\right) + \vec{e}_y \cdot \left(V_z \cdot B_x - V_x \cdot B_z\right) + \vec{e}_z \cdot \left(V_x \cdot B_y - V_y \cdot B_x\right)$$

$$\text{div}\left(\vec{V} \times \vec{B}\right) = \frac{\partial}{\partial x}\left(V_y \cdot B_z - V_z \cdot B_y\right) + \frac{\partial}{\partial y}\left(V_z \cdot B_x - V_x \cdot B_z\right) + \frac{\partial}{\partial z}\left(V_x \cdot B_y - V_y \cdot B_x\right)$$

Mit der Produktregel folgt:

$$\begin{aligned}
\text{div}\left(\vec{V} \times \vec{B}\right) &= \frac{\partial V_y}{\partial x} \cdot B_z + \frac{\partial B_z}{\partial x} \cdot V_y - \frac{\partial V_z}{\partial x} \cdot B_y - \frac{\partial B_y}{\partial x} \cdot V_z \\
&+ \frac{\partial V_z}{\partial y} \cdot B_x + \frac{\partial B_x}{\partial y} \cdot V_z - \frac{\partial V_x}{\partial y} \cdot B_z - \frac{\partial B_z}{\partial y} \cdot V_x \\
&+ \frac{\partial V_x}{\partial z} \cdot B_y + \frac{\partial B_y}{\partial z} \cdot V_x - \frac{\partial V_y}{\partial z} \cdot B_x - \frac{\partial B_x}{\partial z} \cdot V_y
\end{aligned} \tag{6.5}$$

Weiter gilt:

$$\text{rot } \vec{V} = \begin{vmatrix} \vec{e}_x & \vec{e}_y & \vec{e}_z \\ \frac{\partial}{\partial x} & \frac{\partial}{\partial y} & \frac{\partial}{\partial z} \\ V_x & V_y & V_z \end{vmatrix} = \vec{e}_x \cdot \left(\frac{\partial V_z}{\partial y} - \frac{\partial V_y}{\partial z}\right) + \vec{e}_y \cdot \left(\frac{\partial V_x}{\partial z} - \frac{\partial V_z}{\partial x}\right) + \vec{e}_z \cdot \left(\frac{\partial V_y}{\partial x} - \frac{\partial V_x}{\partial y}\right)$$

und

$$\vec{B} \cdot \text{rot } \vec{V} = B_x \cdot \left(\frac{\partial V_z}{\partial y} - \frac{\partial V_y}{\partial z}\right) + B_y \cdot \left(\frac{\partial V_x}{\partial z} - \frac{\partial V_z}{\partial x}\right) + B_z \cdot \left(\frac{\partial V_y}{\partial x} - \frac{\partial V_x}{\partial y}\right)$$

$$\vec{B} \cdot \text{rot } \vec{V} = \frac{\partial V_z}{\partial y} \cdot B_x - \frac{\partial V_y}{\partial z} \cdot B_x + \frac{\partial V_x}{\partial z} \cdot B_y - \frac{\partial V_z}{\partial x} \cdot B_y + \frac{\partial V_y}{\partial x} \cdot B_z - \frac{\partial V_x}{\partial y} \cdot B_z \tag{6.6}$$

Analog hierzu erhält man:

$$-\vec{V} \cdot \text{rot } \vec{B} = -\frac{\partial B_z}{\partial y} \cdot V_x + \frac{\partial B_y}{\partial z} \cdot V_x - \frac{\partial B_x}{\partial z} \cdot V_y + \frac{\partial B_z}{\partial x} \cdot V_y - \frac{\partial B_y}{\partial x} \cdot V_z + \frac{\partial B_x}{\partial y} \cdot V_z$$

$$(6.7)$$

Durch Vergleich der partiellen Ableitungen, in den Gl. (6.5), (6.6) und (6.7) erhält man die Bestätigung von Gl. (3.89).

Literatur

1. Bronstein, I.N., Semendjajew, K.A.: Taschenbuch der Mathematik, 2. Aufl. Verlag Harri Deutsch, Frankfurt a. M. (1962)
2. Kark, K.: Antennen und Strahlungsfelder, 2. Aufl. Friedrich Vieweg & Sohn Verlag, Wiesbaden (2006)
3. Kröger, R., Unbehauen, R.: Elektrodynamik. B. G. Teubner Stuttgart (1990)
4. Küpfmüller, K. Kohn, G.: Theoretische Elektrotechnik und Elektronik, 14. verbesserte Aufl. Springer-Verlag (1993)
5. Lehner, G.: Elektromagnetische Feldtheorie. Springer, Berlin (2006)
6. Simonyi, K.: Theoretische Elektrotechnik. VEB Deutscher Verlag der Wissenschaften, Berlin (1956)
7. Stöcker, H.: Taschenbuch mathematischer Formeln und moderner Verfahren. 2. überarbeitete Aufl. Verlag Harry Deutsch (1992)
8. Zinke, O., Brunswig, H.: Lehrbuch der Hochfrequenztechnik, Springer-Verlag (1965)

Animationen der Wellenausbreitung des Hertzschen Dipols:

https://www-tet.ee.tu-berlin.de/Animationen/HertzscherDipol1/
https://www.mikomma.de/fh/eldy/hertz.html
https://www.chemgapedia.de/vsengine/vlu/vsc/de/ph/14/ep/einfuehrung/emwellen/alles.vlu/Page/vsc/de/ph/14/ep/einfuehrung/emwellen/dipol3_abstrahlung.vscml/Large/abstrahlhertzdipol.html

Weiterführende Literatur

Henke, H.: Elektromagnetische Felder – Theorie und Anwendung, 5. erweiterte Aufl., Springer-Verlag (2015) ISBN 978-3-662-46917-0
Kark, K.: Antennen und Strahlungsfelder. 7. Aufl., Springer-Verlag (2018) ISBN 978-3-658-22318-2
Lehner, G.: Elektromagnetische Feldtheorie für Ingenieure und Physiker, 7. bearbeitete Aufl., Springer-Verlag (2010) ISBN 978-3-642-13041-0

© Springer Fachmedien Wiesbaden GmbH, ein Teil von Springer Nature 2021
J. Donnevert, *Die Maxwell'schen Gleichungen,*
https://doi.org/10.1007/978-3-658-31967-0

Guru, B., Hiziroglu, H.: Electromagnetic Field Theory Fundamentals. Cambridge University Press
    (2009) ISBN 978-0-521-83016-4

Fließbach, T.: Elektrodynamik, Lehrbuch zu Theoretischen Physik II. Verlag Springer Spektrum.
    ISBN 978-3-8274-3036-6

Stichwortverzeichnis

© Springer Fachmedien Wiesbaden GmbH, ein Teil von Springer Nature 2021
J. Donnevert, *Die Maxwell'schen Gleichungen,*
https://doi.org/10.1007/978-3-658-31967-0

Printed in the United States
By Bookmasters